找对方法

谢益之 著

做对事儿

中国言实出版社

图书在版编目(CIP)数据

找对方法做对事儿 / 谢益之著. -- 北京 : 中国言
实出版社, 2024. 5. -- ISBN 978-7-5171-4830-2

Ⅰ. B848.4-49

中国国家版本馆CIP数据核字第2024TC2789号

找对方法做对事儿

责任编辑：王蕙子
责任校对：张国旗

出版发行：中国言实出版社

地　　址：北京市朝阳区北苑路180号加利大厦5号楼105室

邮　　编：100101

编辑部：北京市海淀区花园北路35号院9号楼302室

邮　　编：100083

电　　话：010-64924853（总编室）　　010-64924716（发行部）

网　　址：www.zgyscbs.cn　电子邮箱：zgyscbs@263.net

经　　销：新华书店

印　　刷：廊坊市海涛印刷有限公司

版　　次：2024年8月第1版　　2024年8月第1次印刷

规　　格：710毫米×1000毫米　1/16　13.25印张

字　　数：220千字

定　　价：58.00元

书　　号：ISBN 978-7-5171-4830-2

方法是一种技术问题。方法问题贯穿我们日常工作生活的方方面面。历史上，一些重大的科学发现都有经典的实验方法设计，比如最著名的伽利略自由落体实验等。在日常的管理工作中，我们说工作理念和思路很重要，其中最主要的内容之一是说我们的工作方法要好。我们经常说要把好事办好，就一定要注意方式方法，不能把好事办成坏事，所强调的也是方法的重要性。

方法论是一个哲学问题。方法论处处蕴涵着唯物辩证法思维。方法与目的之间存在极强的关联性。一般而言，目的决定方法，方法服务于目的，但方法也极大影响着目的的有效实现。在某些情况下，目的与方法之间具有互换性。方法论本身包含系统性、多样性、条件性等多方面属性和丰富思想。

本书作者是一位倍受我尊敬的长辈，15岁从江西吉安一个小乡村考到南昌上学，毕业后担任工程师。后又成为企业领导，从事技术与管理工作40余年，在工作生活中对方法问题有深入系统的思考。退休后用近十年的时间，系统梳理总结了自己对方法论的研究成果，形成了本书。

在本书中，作者结合自身工作生活实践，引用大量中外科学技术、经营管理和日常生活中的事例案例来阐述方法论及其丰富内涵，内容生动有趣又不失深刻系统。希望本书能给读者带来思维上的启迪，帮助提高工作效率，提升生活幸福感。

谢桂生

2024年5月

每个人都会有要生存下去的愿望，人只有采用各种办法，去满足衣、食、住、行和精神上的各种基本需求，才能达到活下去的愿望。愿望与需求就是目的，办法就是为达目的而采用的方法。方法好且巧妙就能很好地达到目的，生活才会幸福美好，方法不好就不能达到目的，或者是达到的目的效果差，生活就会有痛苦，所以说，找对方法做对事，好方法才是成功捷径，如果方法巧妙也许还能创造奇迹。

俗话说："世上无难事，只要有心人。"意思是说，哪怕再难的事情，只要你用心去做，就没有难事了。实际上，遇到难事，一定要找到好方法、巧方法，难事才能做好，否则，用心再多花费精力功夫再大也是枉然，难事照样还是难事。所以说，人遇到难事，不但要用心去做，还必须用心去思考、去探索，努力地去寻找好的方法巧妙的方法，才能把难事做好，解决问题，取得成绩，我们要相信一句话：世上无难事，只要方法好。

谢益之

2024年5月

| 目 录 |

| 前 言 |

多年来，我一直在思考方法、研究方法、探索方法，把方法作为一门独立的学问来研究。只有把方法的结构和原理都弄清楚了，才能对于我们寻找和运用好方法，有一定帮助。

刚参加工作不久，我便开始注意观察周围人的行为和动作，看他们所做的每一件事情，有的做得好，有的做得不好，有的甚至把事情做坏了。为什么会这样？我会认真地思考着这些问题，那时年青，有些事情不一定会想得明白，我观察着，思考着。自己也尝试着做各种各样的事情，学各种不同的专业，干各种不同的工作，看各种不同的书，其中也看了不少的名人传记，了解他们的人生。大脑中一直在思考着这些问题，慢慢地形成了自己的一套理论。

后来，我也终于明白，世界上每一个人的每一种行为动作，也就是在做的每一件事情，都会用一种不同于他人的方法，而且每一种方法都有其要达到的一种目的。换句话说，也就是我们不管见到什么人，不管他有什么样的行为动作，在做什么样的事情，马上就可以联想到，他的行为动作和所做的事情是一种什么样的方法，采用这种方法是为了要达到什么样的目的。而每一种目的，都有许多种不同的方法可以达到。只有找到最好的一种方法，才能最快、最完美地达到自己的目的，方法不好则会导致失败。

人的每一种行为动作，都是由大脑的神经系统来指挥的，做什么，怎样做，是大脑通过思索考虑决定的。也就是说，所有的目的都是大脑根据人自己生存生活的需要而自然产生的，根据这些需要，大脑运用自己各种感觉器官通过以前所得到的各种知识信息，经过思索想出了达到目的的各种方法，从中找出自认为最好的方法，由大脑神经中心通过神经分支去指挥身体上的手、脚、眼、耳、嘴、鼻等各种器官，去行动而达成目的。

其实，我们平时所说的办法、做法、想法、说法、写法、活法等，凡上述带有"法"字的，都是属于方法一类的。所谓办法，就是办事情的方法；做法，就是做事情的方法；想法，就是想事情的方法；说法，就是说事情的方法；写法，就是写字或是写文章的方法；活法，就是生活的方法或活命的方法。我们平时所说的点子、谋略，企事业单位所制订的各种方案、措施等等，也都是属于方法类的范畴。

有一句俗话说"失败乃成功之母"，为什么会失败？肯定是采用的方法不好才会导致失败，方法好是不会失败的。失败之后，能认真总结经验，重新找到了好方法，并按照好方法去做，失败就会变成成功，如果方法不好，照样还是失败，那失败就不是成功之母了。所以说，笔者将"失败乃成功之母"这句话改为"好方法才是成功之母"，是为了强调好方法的重要性。

平时人们相互之间会用两个成语祝福对方，这两个成语分别是"心想事成"和"万事如意"。所谓"心想事成"，就是心中想到的事情都能做成。"心想"，实际上就是大脑中产生的愿望也即目的。"事"，就是事情，是为达到目的采用的一种方法，"成"就是实现、完成。"心想事成"，就是你大脑中产生的目的，只要采用了好方法就一定能做成功。

所谓"万事如意"，这里的"万事"是代指所有的事情。"如"就是达到，"意"就是人的大脑根据需要设想产生出来的各种目的。不管是总目的还是分目的，不管是大目的还是小目的，都要认真对待、积极去动脑筋，学习、思考、研究、探索、奋斗、拼搏，不辞辛苦地去寻找和采用各种好方法，只要采用了好方法，各种各样的目的都能达到，也就真正做到"万事如意"了。

我们经常会听到领导或是老板对大家说一句话："希望大家努力工作，奋力拼搏，要千方百计地达到我们今年的奋斗目标。"这里的"目标"，就是我们要达到的"目的"，而"千方百计"中的"方"和"计"就是方法，强调了要用很多的好方法，去达到我们所要达到的目的。

实际上，我们每个人每天都在思考着各种方法。县长思考着要用什么好方法把这个县管理好，公司总经理思考着要用什么好方法让自己的企业效益好起来，上班的人思考着要用什么好方法把工作做好，学生思考着要用什么好方法把学习搞好，连幼儿园的小朋友也会思考着要用什么好方法去玩好。哪怕是刚生下来的婴儿，肚子饿了就会大声地哭起来，想要吃奶是他的目的，哭是他找奶吃的最简单的好方法。

有方法和无方法。有的人不但有目的，也有实现目的的方法，他们就会采用这些方法去实现自己的目的。有些人有目的，但没有实现这些目的的方法，这里有两种情况，一种情况是，本来是可以找到方法的，但他很懒不愿去找，所以就没有方法去实现自己的目的。还有一种情况是，难度太大，在他的能力范围内实在是想不到方法，也就是人们平时所说的"毫无办法"，没有方法，也就实现不了自己的目的。

好方法与差方法。所谓好方法，就是能达到目的，且效果比较好、比较理想的方法。采用了这些好方法，就能很顺利地达到自己的目的。所谓差方法，就是采用了这些方法，不能很好地达到自己的目的，达到目的的效果比较差，不理想，有的甚至完全达不到自己的目的。

现实中，也确实有不少的人，想出了许多巧妙奇特的好方法，让自己的事业成功了、发财了、生活富裕幸福起来了。有一个商店的老板，需要推销一种新产品："强力胶水"。虽然这种胶水粘贴力很强，质量很好，但各种胶水已有多种，而这种新胶水刚出来，没有知名度，所以卖不出去。老板左思右想，苦思闷想，还终于让他想出了一个绝妙的销售好方法。他从家里找出来了一块很值钱的大金币，用这种强力胶水把这块大金币粘贴在商店大门口，并贴出告示，说这块值很多钱的大金币，是用这种新强力胶水粘贴的，如果谁能用手把它取下来，就归谁所有。

这么值钱的大金币，谁不想要呢，而且很简单，只要用手拔下来就可以了。因此引起了大家的注意和兴趣，一传十、十传百，很快就引起了轰动，结果很多人都来拔这块大金币。力气小的肯定拔不下来，但也有力气大的人，特别是那些号称"大力士"的人，这些人天生力气就很大，又经过专业训练，力气肯定比一般的人大得多，当然想得到这枚大金币的欲望也就大得多，虽然都使尽了吃奶的力气，却没有一个人能拔下来。

大金币拿不下来，这种"强力胶水"的名气却迅速地传播出去了，购买的人很多。商店里的大金币没有被人拿走，而顾客荷包里的钱却被这位老板赚来了不少。他这种广告推销的方法确实是很巧妙、很奇特、很有效果。如果他采用另外一种销售方法，只是把它当普通商品一样放在柜台上，让顾客自己去买，这种方法就不好，所以销售也不好。

好方法可以让人获得成功，有时候，哪怕是一个很小很简单的好方法，都可以让人获得巨大的成功。李浦曼是美国的一位画家，他生活贫困潦倒，画具简陋，因为总是找不到橡皮擦而影响他画画的情绪和思路，于是他用一根细小的绳子把橡皮擦吊在铅笔头上，虽然这样解决了橡皮容易丢的问题，但画画时橡皮老是晃来晃去的，用着也不方便。后来他又开动脑筋，想出了一个好方法，那就是用一块小的薄铁皮把橡皮擦包好固定在铅笔头上，这样既好看，用起来也方便，他觉得很满意。他又想，自己满意的东西，别人也肯定会满意，于是他申请了专利，卖给了一家铅笔公司，很快这种笔畅销世界，他也得到了一笔55万美元的专利费，要知道当时的55万美元可是一个天文数字。当然，那个厂家买他这个专利去生产也是一个好点子、好方法，因为是独家生产，销售量又大，厂家规模扩大了，老板也发了大财。

所以说，一个人不管有任何目的、遇到任何问题、需要做任何事情，首先一定要积极动脑筋去寻找好方法、采用好方法，也只有采用了好方法才能取得成功，方法越好，取得的成功就会越大，这才能体现他是一个聪明人，因为他知道："好方法是成功之母"。

第一章 好方法是成功之母

第一节 方法巧妙创奇迹

所谓巧妙的方法，是指一般人难以想象得到的、非常奇特、令人惊喜，也是最好的方法，是有人在偶然的机会中发现发明的，这种方法一旦被利用，就会给人类带来巨大的效益和进步，为人类所喜爱和接受，被认为是一种可推广以后被大家普遍应用并习以为常的东西。现实生活中有不少的常用方法，就是以前被当作一种奇迹而创造出来的。

例如，现在我们家家户户都要用电，而电是法拉第发现发明的，他做过无数的科学实验，有一次他偶然发现磁铁会产生一种磁力线，并用撒了铁粉的玻璃靠近磁铁时，在磁力线的作用下，铁粉会自动形成一圈圈的线条，证实了磁力线的存在。又有一次偶然的机会，他用一根长金属导线在圆纸筒上绕成了一个线圈，当把一块磁铁快速从线圈中穿过时，线圈中会产生一种电流，当磁铁停止不动时，电流也就不会产生。法拉第发现用磁力线去切割线圈的方法可以产生电流，看起来这是一种很简单的方法，但在当时的情况下，全世界有谁会想到用磁铁去穿插一个线圈呢？又有谁会想到在线圈的两头接上一个测试电流的仪器装置呢？只有法拉第想到了，当然也不是他事先有意识想到的，而是在做无数次的试验中，无意中碰上的。只要把一块磁铁不停地在线圈中快速穿插就可以产生连续的电流，这是一种很巧妙奇特的方法，这种方法也创造了一种世界性的奇迹，法拉第用这种方法造出了世界上第一台发电机，后来人们用这种方法造出了能够实用的直流发电机、交流发电机，把动能变成了电能，电流通过电线可以远距离传送到千家万户，后人又发明了电动机以及各种电器产品，成了人们生活中不可缺少的日用品，也推动了社会的向前发展。在当今社会中，家家户户都要用电，可以想象一下，如果没有电，用水也就困难，因为水也是要靠电泵抽进来的。没有电，电饭煲、电冰箱、洗衣机、空调等各种电器设备都运转不了，等于是一堆废铁，特别是在最热的夏天，没有水做饭和洗澡，没有空调降温，这日子肯定很难过的。

麦克斯韦对法拉第所发现的磁场，通过数学推导的方法发现空间存在着电磁场，变化的电场产生磁场，变化着的磁场又产生电场，二者交相更迭，构成统一的电磁场，并以波动的形式一圈一圈地向四周传播开去，这就是电磁波，其传播速度与光波相同，他发现光波也就是一种电磁波，遂建立了著名的数学"麦克斯韦方程组"。而后人波波夫、马可尼等人又扩大传播距离，发明了用变动的人的声音通过一定的装置变成了变动的电流，变动的电流通过天线引起了空间电磁波的变化，这种变化的电磁波远距离传播后，设置在远方的天线会感应产生出变化的电流，通过一定的装置把这种变化的电流还原成变化的声音，远方的人就可以听到这边人说话的声音了。由此，人们发明了无线电。笔者认为，利用好无线电就是一种方法，一种总的方法，而把变化的声音变成变化的电流、把变化的电流变成变化的电磁波，电磁波让远方的天线产生变化的电流，让变化的电流还原成远方传过来的声音，这都是一些小方法，而这些小方法组成了无线电这种总方法。这些方法都是巧妙的、奇特的，都创造了奇迹，现在差不多每个人都有一部用无线电方法生产出来的手机，天天都在用手机跟远方甚至远到千万里外的朋友打电话、看视频、查资料、学知识，手机成了人们日常生活的必需品，没有谁会觉得奇怪，因为习以为常了。

正如我们每天要吃的主食米饭一样，最早的人是不吃水稻谷子的，因为它的果子太小，外面包裹的糠皮粗糙更是不能吃。但有人发明了用水田大面积种植可获得大量稻谷的方法，又有人发明了去糠皮获得大米的方法，还有人发明了用火把米煮熟成香喷喷好吃的大米饭的方法，这些方法在当时来说是巧妙的、奇特的，也创造了一种奇迹，因为后来大米饭成了饭桌上人们最喜欢吃的主食之一。

我们每天还要吃菜，当初有的人发明了各种吃菜的方法，有的可以吃果子、有的可以吃叶子、有的可以吃根茎、有的可以吃肉，这些都是吃的各种方法。有人发明了青菜、萝卜等各种蔬菜的种植方法以及猪、牛、羊等各种动物的养殖方法，我们中国人的祖先神农氏就是粮食蔬菜种植和家禽养殖方法的主要发明者和创造者，还有人发明了炒菜和做饭的各种方法，这些方法在当初来说也是属于巧妙的、奇特的方法，为人类创造了奇迹，也给人类带来了进步和发展。但现在人们都学会了、使用了，也就觉得平淡无奇了。

第二节　好方法是成功之母

人，为了要生存生活下去，每天都会产生一些各种各样的目的，所以，每人每天都要做许许多多的事情，做每一件事情都需要一种方法，都有其要达到的目的。在要达到某个具体的目的时，人们都会动很多的脑筋去思考，去探索，想着究竟要采用什么样的好方法才能达到自己的目的。因为只有采用最好的方法，才能更完美地达到目的，如果方法不好就会失败，不但达不到目的，甚至还可能给人带来损失和伤害。一旦失败了，就只有吸取失败的教训，认真总结经验，寻找并采用新的好方法，才能获得成功，所以说好方法才是成功之母。

对于一些常有的简单目的，我们采用一些常用的简单方法就可以达到，但对于一些复杂的、难度比较大的目的，特别是情况发生变化的目的，用老方法就不一定可行了。

例如，有一个中年男人，刚吃晚饭不久，肚子就痛起来了。他以前得过肠炎，以为这次还是肠炎，就找了一些肠炎药吃了，但没效果，照样痛。

说明现在情况变了，不是原来那种病了，吃原来那种药的方法不对了，现在不能用了。因为是晚上，又在郊区，离市中心医院很远，他不想上医院，就找了一些止痛药来吃，想等到明天白天再去医院。可止痛药也没有用，还是痛，说明吃止痛药这种方法也不是什么好方法了。家里人很着急，就强行把他送进了医院。值班医生一检查，发现是急性阑尾炎，需马上动手术，他及家人就签字同意了。医院立刻组织医生动了手术，发现是阑尾炎穿了孔，就把阑尾切除了，住了七天院，刀口拆了线，就出院回家了。这说明马上送到医院去动手术抢救才是好方法，因此救了他的命。

而另外一个中年男人，也是夜晚肚子痛，上医院经普通医生检查，判定是急性阑尾炎，需马上动手术。但这个中年人朋友多，他认识这个医院的一个权威专家医生，想让这位专家再来确诊一下，不同意其他医生马上给他动手术，但那位专家下班回家了，要第二天才来。因他错过了最佳治疗时间，当晚就突然过世了。

两个人得的是同一种病，一个人采用的是马上动手术的方法，另一个人是采取第二天等专家医生再来确诊的方法，处理的方法不一样，结果就不一样。如果是慢性病，等专家医生来确诊也许是一个好方法，但他得的急性病，是阑尾炎穿孔，需立即动手术，否则就有生命危险，所以他采取等人的方法肯定是最坏的方法，就因为他采用这种坏方法，错过了最佳治疗时间，最终把命丢了。不过当时他也确实不知道是阑尾炎已经穿了孔有这么危险。这都是我所遇到的真事，想想都可怕。

我们经常会遇到一些很不开心的事情，譬如，小孩老是不听话，总是跟自己对着干，那就要去思考一下，是不是自己教育小孩的方法不对，或是自己与小孩相处的方法不对？我们可以向那些与子女相处很好、子女听话而且表现也很出色的父母请教学习一下，以他们的好方法来教育自己的子女，说不定就会取得很好的效果。

虽然会有一些目的每天都是相同的，又很简单，人们往往不会多动脑筋去想新方法，只是习惯性地用自己已经熟悉的一些老方法去解决。正如人们每天都要吃三餐饭一样，中国人采用的是用筷子夹的方法，西欧人采用的是刀子切叉子叉的方法，而印度人更是习惯直接用手抓的方法吃饭，天天如此，便不会动脑筋去想其他的新方法。当然，简单的目的，用简单的一种方法就可以解决，不用去动脑筋也是可以的。

但有些目的比较复杂，情况又不断发生变化，如果不愿动脑筋，老是采用一种固定的老方法，生活就不会有改变。例如，以前的人都是用扁担和箩筐挑运东西，现在汽车、火车都有了，你还用扁担箩筐的老方法去运送东西，那就太落后了。如果有一个人，一开始就在路边摆一个小摊卖点小杂货，收入很少，很多年过去了，还是这个老样子，还是用这种老方法去谋生，就只能挣很少的钱，生活在原地踏步。因为他做了这么多年的生意，应该积累了不少的经验，掌握了一些销售的好方法，他应该充分发挥这种优势，并动脑筋去积攒或是筹措一批资金，在一条街边租一个店面，办一个大点的超市或其他商店，用这种方法卖的东西多，赚的钱也多，他家里的生活水平也肯定可以提高很多。如果他以前的收入比较多，家里的生活条件还好，就守着这个摊子不改变，也说得过去。但这么多年来，他的摊子很小，收入低，家里的生活条件不好，迫切需要增加收入改善家庭生活条件，而他还只是守着小摊子不做改变，只能说明这个人能力有限，或是受条件限制；也有可能是比较懒，不求上进，满足于现状，不肯多脑筋去想出新的好方法，开拓改变，去提高自己的收入和经济效益，从而改善家里人的生活水平。

有一个大学毕业的年轻人，他就做得很好。为了照顾年迈多病的父母，他决定回家乡创业。他学的是水产养殖，但他家里只有水稻田，没有水塘，搞不了水产养殖。由于他家水稻田不多，也就几亩地，光种水稻收入肯定很低，于是他想来想去，又通过市场调查，最终还是想出了用水稻田同时养螃蟹的好方法。因为螃蟹所需水量不多，上岸无水也可以生存，不会马上死掉，而且喜欢吃螃蟹的人很多，价钱也可以卖得很贵。稻田既种水稻，又养螃蟹，一举两得，这真是一种很好的方法，也是一种养殖方法的创新。

由于他采用了这种好方法，第一年就获得了成功，赚了不少钱。他不但自己致富，还要带领乡亲们致富，于是他又采取了公司加农户的新方法发展业务。除了在自己的稻田里养蟹外，他自己还开办了一家公司，请了人专门培植蟹苗，然后卖给农户，每亩田两千元左右，农民也学他的样，在水稻田里养螃蟹，每亩地一年卖螃蟹的纯收入也有三四千元左右，光种水稻一亩地只有三四百元钱，这样翻了差不多十倍，农民也很高兴。

他本来还搞了一个室内繁殖场，但那些蟹苗卖给农民不久，大部分都会死掉，损失很大。他认真总结经验教训，寻找原因，发现主要是蟹苗室内繁殖没有抵抗能力，适应不了外界的自然生长条件，因而死亡。这说明室内繁殖的方法不好，所以失败了。后来，他改为室外繁殖的方法，接近自然环境，获得了成功。

他本身是学水产养殖专业的，又通过实践摸索总结出了一整套养蟹的好方法，并把这些好方法传教给了农民。他培殖的蟹苗成活率很高，农民愿意买。他的公司发展也很快，年产值已近百万元了，在上世纪八十年代，这绝对是一笔很大的财富了。

他利用家乡有大片水稻农田的优越条件，聪明地创新利用水稻田同时可养螃蟹的好方法，既赚了钱，又照顾了年迈的父母，还找了一位漂亮能干又贤惠的妻子，生了小孩，全家人过上了富裕又幸福美满的生活。如果他还是采用老方法，墨守陈规，只种一点水稻，就会跟他父母一样，一辈子过着贫穷的日子。

还有一个年轻人，他干得更出色，方法也最好。最初他从农村老家来到广东省深圳市，在一家香港老板开的专门生产各种电子产品的工厂打工，开始是在车间生产线上工作。他工作非常勤恳、吃苦、任劳任怨，脏活、累活、苦活，别人不愿干的活，他都抢着干，经常加班加点，他完成任务最好，干出来的活最多。他更是刻苦钻研技术，进步最快，做出来的产品质量最好，产量最高。他每天都是来得最早、走得最晚，活干得最多、效益最好的那个人。

由于他工作很出色，为人友好也很诚恳，老板就提拔他当了车间主任。

他对车间的生产技术非常熟悉，愿意帮助车间工人提高技术，严把产品质量关，努力完成生产任务。他没有架子，与工人友好相处，打成一片，工人也愿意听他的，他在工人中有着很高的威信，他也不断地学习各种管理知识，努力提高自己的管理水平。

在他的车间主任当得有声有色的时候，他又跟老板提出要求去产品设计部门，老板也同意了。到了产品设计部门，他拼命地学习各种产品设计技术知识，掌握了各种产品的设计常识和技巧方法，并不断地开发各种新产品，受到老板的赏识，老板直接提拔他当了总经理，工厂全权交给他管理。老板又开发了新的产业，每个月只是到深圳厂里来看个二三次，对他非常信任。不过他也没有辜负老板对他的希望，他把工厂管理得井井有条，不断地开发新产品，不断地拓展新业务新市场，工厂效益不断提高，工厂规模不断扩大。

最后他跟老板提出辞职，要自立门户、开办自己的工厂和公司，在他保证不挖走老板工厂里的员工和技术力量、不抢走老板的业务和市场的情况下，老板也很痛快地就答应了，并说："我理解，很多人都是这样做的，希望你成功，我也看好你，你也一定能成功。"

他掌握了产品生产、车间管理、产品设计、新产品开发、原材料采购、业务洽谈、市场拓展等开办工厂的各种好方法，加上他有多年的积蓄，并筹措了部分资金用于投资，他在深圳很快就把自己的工厂开办起来了。几年时间，他从一个打工仔变成了小老板。

俗话说，万事开头难。一开始也是困难成堆，每天要解决的问题很多。但他还是奋力拼搏，每天工作长达16个小时，以顽强的毅力，克服重重困难，还是把工厂办起来并投入了生产。工厂由小到大，发展很快，建立了多条生产线，招募数百余人，形成了规模。为了避免与老板的市场竞争，他把产品通过专业的经销商代销的方法都销往了美国和欧洲各国，后又扩展了阿拉伯地区的任务，年销售量达到了上亿元，超过了他的老板。

别人打工，是纯粹的打工，就是用下苦力的方法去赚取一份工资，维持自己及家人最基本的生活，只要学会基本操作的方法完成生产任务就可以了，没有其他的想法。而他一开始定的目标就比较高：他也要当老板，赚更多的钱，让自己和家人生活得更好。刚开始，他没有产品、没有技术、没有经验、更没有资金。他采用的方法也是到别人的工厂里去打工，但目的不只是简单地去赚一份工资生活费，而是要利用这个机会去别人的工厂学习产品生产、产品设计、新产品开发、车间和工厂经营管理、原材料采购、产品销售与市场开拓等各种方法，还要积累资金。他的目标定得比别人高，他所采用的方法肯定要比别人的更多、更好，当然也要比其他人更努力更辛苦。

当他学会了这些方法，也积累了一定的资金后跳槽出来，创办了自己的工厂和公司，最高峰时，他曾拥有三家工厂。他采用最好的方法走了一条快速的捷径，开创了自己的事业，赚取了大量的财富，让自己及家人过了幸福、美满、富足的生活，从而达到了自己最大的目的。如果他不是苦心孤诣用这种最好的方法，树立大的目标，是难以取得这么大的成功的。

以上例子可以看出，要想找出好方法，就必须肯学习、肯钻研、肯探索、肯深入实际去调研、肯动手去做实验、肯多动脑筋去设想，尽可能地找出更多的方法，并通过研究、比较、分析，从中找出最好的一种方法来达到自己的目的。所以，在需要达到目的之前，我们都要动脑筋好好想一想，尽量寻找出最好的方法来。

2015年笔者回老家，得到了本村谢氏家族仅剩的一套家谱，是二百多年前编的，由于没有保护好，已经破损到有些字都看不到了。家谱中的第一代祖宗谢夷吾是东汉时期人，官职是太傅录尚书事，而录尚书事是很有实权的。我下决心重新续编家谱，花了三年多的业余时间，编完之后，自费印刷并免费送给了大家。

为了编好家谱，我查阅了许多的历史资料，无意中发现：历史上最著名的以少胜多的淝水大战，发生在东晋时期的公元383年，竟是我的祖先、当时的宰相谢安指挥的。他力荐自己的亲侄子、能人谢玄，招募、组建并严格训练了"北府兵"。

当时已统一了北方的强大的前秦调动了骑兵27万人、步兵60万人，还有

3万御林军，号称百万大军，前秦皇帝符坚亲率部队从长安出发，想一举南下消灭东晋，有近30万的先头部队已到达淝水河西岸。后面还有几十万的部队都在陆续跟进，符坚信心满满，对东晋势在必得，叫嚷：我有百万大军，每人投一根马鞭都可以让长江之水断流。这就是"投鞭断流"这个成语的出处。而东晋参加正面作战的，就是由谢玄率领的只有八万人的"北府兵"，这支军队总共十万人，另有两万人驻守在其他地方。这支军队训练有素，英勇善战，驻守在淝水河的东岸。也正是这支只有八万人的小部队，运用了最巧妙最勇敢的作战方法打败了拥有近百万大军的先秦，取得了战争的胜利，扩大了领土，强大了国家。

在此之前，前秦皇帝符坚的弟弟符融已派遣了5万人的先遣部队渡过了洛涧河，靠近东晋"北府兵"大营不远。前锋都督谢玄、宰相谢安的儿子右将军谢琰，也是谢玄的堂弟，一同去极力说服了征讨大都督也是他们的叔叔谢石，让他们先去攻打符融的先遣部队，谢石同意了。谢玄命令部将刘牢之率5000北府兵，利用深夜偷袭的方法，攻进了敌方大营，把敌人杀得人仰马翻，主将被杀，死伤一万五千余人，全军溃散。英勇善战的北府兵打了个大胜仗，把身边的隐患清除了。这个大胜仗给了北府兵部队以振奋，也让打了很多胜仗统一了北方的前秦皇帝符坚感到震惊。他原以为北府兵软弱无能毫无战斗力，通过这次战争，加上他在远处观察时发现，这支部队训练有素，战斗力很强，不但不是弱兵，还是劲敌。弄得符坚后来在看到对面八公山上随风摆动的草，都以为也是谢玄部队的兵，"草木皆兵"这个成语出来了。

符坚的大部队在淝水河的西岸，谢玄的部队在淝水河的东岸，都严阵以待，都没有动，双方僵持着。但双方也都在积极探索设想这个仗要用什么好方法才能打败对方，因为作战方法的好坏往往是决定战争胜败的关键，而战争的胜负又决定国家的兴衰，国家的兴衰更是直接影响到老百姓的生活是否安定与幸福。

谢玄设想出了两种打仗的方法，并派使者去游说对方。让使者跟对方说，双方这样僵持不是办法，我们还好，国家就在这里，粮草供应不成问题，而你们是奔赴近万里来这里打仗的，粮草肯定坚持不了多久就要断了，供应不上了。你们是客人，我们可以退后一段距离，让你们渡过淝水河来，我们再来决一死战。但符坚、符融两兄弟都不同意，因为他们知道，汉人有一条兵法，叫做"半渡而击之"，意思就是说，等敌人渡河到一半时，再派兵去击杀，就可以很容易消灭敌人。符坚说，这样的话，等我们渡河到一半，你们就派兵攻击我们，那我们不是要吃大亏吗？你们把我们当傻瓜吗？使者又对他们说，那就你们退后一段距离，让我们渡河后，双方列阵再打。符坚听了以后，心想，等你们渡江到一半时，我马上派铁骑兵部队去击杀，肯定能取得胜利。于是符坚和符融就答应了这种打法。

实际上谢玄已经知道，这两种打法对他都是有利的。第一种打法，因为符坚的部队都是北方兵，不懂得打水战，也不知道河水情况，以为冬天的河水跟夏天一样又宽又深。他们不会去选择最佳渡河地点，当他们过河遇到水时，部队肯定会发生混乱，等符坚部队渡江到一半时，击而杀之，容易取胜。

实际上淝水河夏天水旺时，宽的地方为200米左右，窄的地方也有50米左右，水比较深也比较急，对北方人来说确实是一条很大的河。冬天枯水期淝水河宽的地方为100米左右，坐船过去也就几分钟的事情，窄的地方也就5米左右，而且很浅，可以用脚走过去，放几根木头就可以当桥。当时已到枯水期了，对淝水河的情况他们已经摸得很清楚，过河对他们来说只是小事一桩。

第二种打法对他同样有利。而且主要是谢玄知道，符坚的部队是各地拼凑起来的大部队，人很多而且很杂，没有像谢玄的北府兵那样经过严格的训练，进退有序，他们的部队后退时肯定会发生混乱，这时候发动攻击，也容易取胜。

两种方法都是要符坚的部队先动，向前渡江涉水部队会发生混乱，向后倒退人太多不好指挥也会发生混乱，只要一发生混乱，谢玄马上发动攻击就容易取胜。所以，谢玄就派使者去游说对方先动，符坚中计了，同意先动。

正如谢玄所料，在符坚的大部队往后撤退时发生了混乱，谢玄率部队快速过河，向符坚的部队发动了猛烈的进攻，击杀了不少士兵，符坚的士兵吓晕了头，部队一下就更乱了，人挤人，马挤马，人踩人，马撞马，乱成一团。符坚的弟弟符融拼命想挤出来指挥部队，但马被绊倒了，被谢玄的士兵所杀。

原被符坚打败而投降的晋朝将领朱序，战前被符坚派往谢石谢玄处当说客，想要谢石谢玄率兵投降。但他并没有劝降，而是建议谢玄发动进攻，他可以在后方配合捣乱。这时他看见部队乱了，就领着自己的部队一边后退一边高叫："秦军败了！"听见朱序他们一叫，又看晋兵杀过来了，秦军士兵只有争先恐后地逃命了。自相践踏死的、被北府兵杀死的、饥寒交迫死的、尸横遍野。符坚自己也中了流箭负了伤，由亲兵保护，拼命地往北方的老家逃跑。

北府兵快速追杀，先秦兵拼命奔逃，耳边听到的风雨声、鸟叫声，都当成了北府兵的喊杀声，"风声鹤唳"这个成语也就出来了。

符融死了，符坚受伤，身边只有几个亲兵护送逃跑，树倒猢狲散，后面还剩下的那几十万部队，没有了主帅，也只能是败兵，正如一句成语所言，"兵败如山倒"。谢玄没有停止追杀，趁势指挥军队迅速向北抢占地盘，收复了黄河、淮河之间及秦岭以南的大片土地，东晋的疆域迅速扩大，达到了极盛时期。

淝水大战这一役，以符坚溃败、谢玄大胜结束。这是历史上动用兵力最多的一次战争，也是双方兵力相差最悬殊的一次战争，更是以少胜多最典型的一次战争。如果不是宰相谢安举贤不避亲、力荐能人侄子谢玄招募并严格训练出了十万"北府兵"军队，提前作好了战争准备，后来如果不是谢玄施展妙计以少胜多，率领士兵奋勇冲杀，打败了已经统一北方变得非常强大的前秦军队，那中国的历史就要重写了。

此后，东晋在比较长的时期稳定发展，老百姓安居乐业，经济、文化和科学技术飞速发展，使国家繁盛强大起来。

诸葛亮是世人非常崇拜的名相，人们把他当成聪明智慧的偶像，主要原因就是他总能想出许许多多奇特巧妙的好方法来把事情办成。草船借箭就是一个典型的例子。当时东吴都督周瑜非常忌妒诸葛亮，他借口要打仗了，以军中缺箭为由,限定诸葛亮在三天之内造出十万支箭来,并立下军令状。暗中他却又指示别人不给原料和人力,想用这种方法除掉诸葛亮。

如果诸葛亮采用常规的方法,安排人用木棍和铁尖等原材料去造箭,在短短的三天之内,是无论如何也造不出十万支箭来的。但他却想出了一个奇特巧妙的好方法:用20条扎满了稻草把子的小船,在全是大雾的第三天早晨,开到曹操大军阵前击鼓鸣锣叫阵。因为诸葛亮懂得天文知识,知道第三天早上江面上会有大雾,所以敢跟周瑜立下军令状。曹操以为大军来攻,大雾又看不见,只得叫士兵乱箭射击。而那些箭射在稻草船身上,既不损坏,又不会掉到水里去。当那些稻草船身上全部射满了箭以后,诸葛亮估计十万支箭只会有多无少了,乘大雾未散之前,诸葛亮命令所有的小船快速返回,并让士兵大喊:"谢谢曹丞相的箭!"曹操才知道中了诸葛亮的计,但后悔也晚了。诸葛亮就用这种巧妙的好方法,弄到了十万支箭,保住了自己的生命,还通过先后三次用计,三气周瑜,反而让周瑜自己气死了。

春秋战国时期出了一本流传至今的好书叫《孙子兵法》,被誉为"兵学圣典",里面主要是军事家孙武讲述怎样带兵打仗的一些谋略方法。孙武包括后来许许多多的军事家,就是运用这些好方法打了胜仗,取得了各自的成功。

孙武特别强调,要用谋略,也就是要用最好的方法去战胜敌人,做到"不战而屈人之兵",用最好的谋略去逼迫敌人投降才是上策,而不是单纯用武力去强行打败敌人,单纯用武力去打败敌人,自己的士兵也是有死伤的,这不是好方法。

孙武还强调,知彼知己,方能百战百胜。也就是说,只有每次都要搞清楚敌人的情况,又知道自己的状况,才能找出最好的方法去战胜敌人,才能做到百战百胜。

孙武在书中说:"兵者,诡道也。"意思是说,用兵之道在于千变万化、出其不意。用兵打仗要有策略,要采取一种诡诈的行为,用各种方法去迷惑敌人、引诱敌人、拖垮敌人。攻打敌人时,要做到"攻其无备,出其不意"。

意思是说，要在敌人没有防备的地方发动攻击，在敌人意想不到的时候采取行动，用这样的方法才容易取得胜利。

明清时社会上又出了一本好书叫《三十六计》。所谓"计"，说的就是计策、方法，三十六计实际上就是三十六种方法，而且是最巧妙、最奇特、最好的方法。人们把这些方法广泛运用于政治、军事、经济、外交、技术攻关甚至日常生活等各种领域和场合，实现了各自的愿望和目的。

"三十六计"成名于南北朝时期，成书于明清时期。直到1941年，在甘肃省某地的一处旧书摊上，一本注有"秘本兵法"的抄本被人发现，这就是现在广大读者所看到的《三十六计》最早的正式版本。后来就出来了很多在三十六计的基础上加了注释、译文、举例说明的各种不同版本。由于这些计策方法很巧妙、很奇特，被广大老百姓所称赞、传颂、学习、运用，大家都津津乐道，故而在民间广为传颂。

如之前诸葛亮就采用过"空城计"，当时诸葛亮的大部队都不在身边，城中只有2500名士兵和少数文官，司马懿带领15万部队来攻，诸葛亮就下令打开城门，安排几个士兵在城门口扫地，诸葛亮自己在城墙上弹琴，司马懿看到这种情况很是疑惑，以为有埋伏，吓得调转部队就撤走了。因为司马懿知道，诸葛亮一贯稳妥，从不打无准备之仗。而诸葛亮也正是利用了司马懿的这种想法和心态，想出"空城计"这种巧妙的好方法，欺骗了司马懿，保护了自己，否则后果不堪设想。

在《三十六计》一书中，把三十六计分为六套，每套为六计，其中第一套为胜战计，从第一计到第六计，分别为瞒天过海、围魏救赵、借刀杀人、以逸待劳、趁火打劫、声东击西；第二套为敌战计，从第七计到十二计，分别为无中生有、暗度陈仓、隔岸观火、笑里藏刀、李代桃僵、顺手牵羊；第三套为攻战计，从第十三计到十八计，分别为打草惊蛇、借尸还魂、调虎离山、欲擒故纵、抛砖引玉、擒贼擒王；第四套为混战计，从第十九计到第二十四计，分别为釜底抽薪、浑水摸鱼、金蝉脱壳、关门捉贼、远交近攻、假道伐虢；第五套为并战计，从第二十五计到三十计，分别为偷梁换柱、指桑骂槐、假痴不癫、上屋抽梯、树上开花、反客为主；第六套为败战计，从第三十一计到三十六计，分别为美人计、空城计、反间计、苦肉计、连环计、走为上计。

前三十个计，每一个计都是用四个字的成语顺口溜说出来的，后六计是用三个字的顺口溜说出来的，这种表达的方法很好，好说好记，既形象又好理解，在广大老百姓的口中普遍流传，谁都可以顺口说出一些自己熟悉的计来，如：趁火打劫、无中生有、笑里藏刀、打草惊蛇、调虎离山、浑水摸鱼、美人计、三十六计走为上计，等等。

在现实生活中，人们经常会用到其中的各种"计"。例如，公安人员在追抓犯罪分子团伙时，就会使用第十八计"擒贼擒王"，只要把犯罪分子团伙的头头抓住了，其他的人就好控制好抓了。

当然也有的人道德败坏，他和别人竞争时，就会想到"无中生有"这个计来，他会在领导面前偷偷说别人的坏话，捏造事实，把没有的事情说成有，然后把帽子扣在别人头上，破坏别人的名声，破坏领导对别人的信任，也骗取领导对他的信任，从而获得本应该属于别人的好处。

有些企业老板，当他们遇到困境，难以解决的时候，就会想到用第十七计"抛砖引玉"，让全体员工来为他想办法。他会召开一个会议让大家都来参加，他首先发言，把企业目前所遇到的困难和情况跟大家说一下，问大家有什么好办法没有，最后往往会说上一句："我就说这么多，抛砖引玉，请大家都发表一下自己的看法和高见。"三个臭皮匠凑成个诸葛亮，人多方法就多，总会有人想出好的方法来的，他想要的"玉"也就可以得到了，他的困境也就可以解决了。

在高度发达的现代社会，人们会集中精力和时间去学习、研究，寻找出更好的方法，把自己的事业推到最高峰。

例如，著名的歌唱家举办的音乐会，会有很多人愿意买票去听，因为这样的歌唱家除了有天生的好嗓音外，他们还通过深造学会了很多唱歌的好方法，听他们唱歌会让人觉得很舒服。

又如写毛笔字，那些水平高名气大的书法家有深厚的基本功，掌握了许多书写毛笔字的好方法。他们写出来的每一笔、每一画都非常有力量，有气势，看他们写的字是一种很好的精神享受。

商店里卖的电冰箱、洗衣机、空调、电视、手机等产品，也都是那些规模大、技术水平高、生产设备先进、管理和生产方法好的专业化厂家生产出来的，这些产品也外表漂亮、功能全、性能好、质量佳，深受人们的喜爱，大众也愿意掏钱去买。

一个人一生中要采用的好方法许许多多，有的是自己想出来的，但绝大部分好方法是从别人或前人那里学来的。好方法是可以通过学习积累到自己的大脑中，到需要使用时，就可以回忆借鉴。你学习积累的好方法越多，就越聪明，能力越强。如果你还能勇于开拓，不断创新，像爱迪生发明电灯为全世界带来光明那样，你就可以成为一个伟大的人，被人铭记。

第三节　好方法有助于事业成功

一个人的事业成不成功，除了勤劳肯干，他采用的方法好不好也很关键。方法好，可以助益他的事业获得成功，事业足够大，效益非常好，他就有了不同凡响的辉煌人生，过上富裕美满的生活。如果方法不对，事业不能成功，甚至完全失败，那他的人生肯定是痛苦的。如果能总结经验教训，重新找到好的方法，从头再来，拼搏奋斗，他的事业还是能成功的。

有些简单的目的，人们容易找到好的方法去实现，因为人们对情况比较了解，比较熟悉。有些目的，虽然也有各种方法，但很难找到最好的方法去实现。因为最好的方法难度很大，而且不容易找到。

同一种目的，有的人聪明，勤快，善于学习，善于抓住机会，肯动脑筋去钻研，去探索，加上运气好，就可以找到最好的方法去实现。这里的运气好，是指刚好碰巧找到了好方法。而有的人又懒又笨，加上运气不好，是很难找到好方法的。例如：同一个单位、同一个部门，大家都是销售同一种产品，有的人可以销售很多产品出去，他肯定是找到了好的销售方法。销售的产品多，效益就好，他个人的提成和奖金就多，收入高，生活水平就高。而有的人没有找到好的销售方法，销售的产品就少，效益低，提成和奖金就少，收入少，生活水平肯定就低。

世界著名大画家毕加索，年青时贫困潦倒，虽然他的画画得很好，因为没有名气，大多都卖不出去。最后请到了一位朋友帮忙，这位朋友很聪明，经商经验也很丰富，他想出了一个很奇妙的推销方法。他先到市内所有的画廊去，假装是去寻找购买一个名画家的画，画廊老板问是谁的画？他说是毕加索的，并说毕加索的画在外地很走俏，老板没有听说过，但答应帮他找。这样的戏，在所有的画廊重演了一遍，他又在报纸上登广告，寻求购买毕加索的画。不久毕加索的名声大涨，他的画也就成了抢手货。

毕加索虽然有好画，但卖不出去，是因为他的推销方法不好，而他的那位朋友推销方法很好，先造声势，后卖画，所以成功了。当然，这首先是因为毕加索的画有成功的基础，才可以想办法造势，使他成了世界上著名的大画家。他的画如果不好，再好的办法也没有用，打铁先得自身硬才行。

世界上许许多多的作家都在写许许多多的书，各地新华书店的书种类很多，其中好书也不少。如何使自己的书能一炮打响，成为畅销书呢？除了书要写得好，让人喜欢看外，还必须要有一些好的推销方法，让读者愿意去购买他的书，否则好书也会卖不出去。怎么办呢？有的作家是通过评比获奖提高知名度的方法来推销他的书；也有的本身就是知名人士，通过召开新书发布会，或是在新华书店用亲笔题名的方法来推销他的书；还有的作家采用了各种不同的推销方法去销售他们的书。

当然，除了作家自己外，更主要的渠道还是要靠书店和网络去销售。某西方国家有一位书店老板，他有一种书积压了很久都卖不出去，伤透了脑筋。有一天他突然想出了一个很好的方法，他特意把这种书送了一本给国家总统，并三番五次地去征求总统的意见。总统整天忙于政务，根本没有时间去看他的书，嫌他烦，为了应付他，随便说了一句："这本书不错。"他便大做广告，并在书店门口张贴告示："现有总统喜欢的书出售，请速来购买！"出于好奇，人们把他的书一抢而光。第二次又出现这样的情况，他又送了一本书给总统，总统对上次的事很不高兴，连看都没有看就挖苦他说："这本书很糟。"他又大做广告："现有总统讨厌的书出售，请速来购买！"同样出于好奇，人们还是把他的书买光了。第三次他又送书给总统，总统接受前两次的教训，什么话也不说了。他照样大做广告："现有总统难以评价的书出销，请速来购买！"总统哭笑不得，他却大发其财。

他这种推销书的方法是利用了"名人效应"。总统、电影明星、体育明星这些人经常在电视台、广播电台、报纸等各种新闻传媒里频频露相，成了家喻户晓的人物，成了名人，成了成千上万的人特别是年轻人心中的偶像。他们崇拜这些人，模仿这些人，名人喜欢的东西，他们都喜欢。名人手里的一块石头，也会有人当金子买去作纪念。于是许多企业家、商人就利用了这种名人效应，采取请名人帮助做广告的方法推销他们的产品。虽然他们请名人做广告花了不少的钱，但他们的产品跟名人一样也很快家喻户晓，他们就可以赚到更多的钱，这种方法能取得好的效果，何乐而不为呢。现在电视、报纸、广播，大街上，公路边，到处都可看到人们在采取用名人打广告的方法推销产品，确实有人用这种方法发了财，取得了成功，但自身必须有实力才行。

贵州省的"老干妈"辣椒酱创始人陶华碧，出生在一个偏僻的小山村，是一个没进学校读过一天书的农村妇女，49岁才开始创业。由于她研究出了一种制作辣椒酱的好方法，得到老百姓的喜爱，大家都愿意去买她的辣椒酱吃，她就凭借这瓶小小的辣椒酱，创办了一家工厂，没几年的时间，就变成了一个从摆小摊到年赚70多亿元人民币、进入了福布斯全球亿万富豪排行榜的大企业家。她肯吃苦，肯动脑筋、采取了许许多多的各种好方法，去克服前进路上所遇到的各种困难和挫折，才取得后来的成功。

她一路走来，的确是非常的不容易。她20岁结婚，生了两个小孩，只几年时间，丈夫就生重病去世，治病欠下了大批的债务，怕债务连累，连家人都离开了她。为了供养两个小孩，并还清所欠债务，她只有走出深山到外地去打工，做了很多的脏活累活。

吃饭时，为了省下买菜的钱，她就自制了辣椒酱当菜吃。由于她肯动脑筋，摸索研究出了辣椒酱的制作方法，使她自制的辣椒酱特别好吃。

她打了多年的工，终于还清了债务，并有点小积蓄，她就在离学校不远的地方，开了一个小小的面粉店，专卖米粉和面条。为了吸引大批的学生到她那里去买米粉和面条吃，贫困学生还可以赊账。她对学生特别好，学生们都亲切地称她为"老干妈"。

怕米粉和面条太清淡不好吃，她就按自己的配制方法，制作了一些辣椒酱作为调味品。顾客都说辣椒酱特别好吃，她就顺手送了一些辣椒酱让他们带回去吃。后来很多人到店里来，提出要买些辣椒酱带回去吃，她就用塑料袋装好卖给他们了。

辣椒酱大受顾客的欢迎，来买的人越来越多，难以满足需要了，她觉得这是个很好的商机，就办了一个小型工厂，请了40个工人，按照她的配制方法，专业生产这种辣椒酱。工厂虽小，她也遇到了许许多多的困难和挫折。但是她用顽强拼搏的精神，不停地去思考和摸索，千方百计地寻找有效方法去处理和解决困难和挫折，让自己的企业不断发展。

一是没有厂房，在别人的帮助下，租了两个大点的房间做厂房。

二是辣椒酱批量生产了，不能再用塑料袋做外包装了，显得太低档，必须要用玻璃瓶做外包装了。但玻璃厂的生产很忙，难以安排生产，她就软泡硬磨，用真诚打动了玻璃厂的领导，答应她每天可以用篮子提一些玻璃瓶回去，帮她解决了这个外包装问题。后来玻璃厂在市场上遇到了销售危机，是她为了感恩，坚持在那里购买他们厂的产品，又帮玻璃厂渡过了危机，刚好她的需要量也大幅度增加。

三是在产品的包装上也下了一番功夫，她请人设计印刷了一个商标，贴在了瓶子上。她让人给她照了个像，把自己的头像和自己的名字印进了商标，让人一看就知道是她生产的辣椒酱。把学生们对她的爱称"老干妈"当作了名称，叫"老干妈"辣椒酱。她就用这样的一些朴素简单的方法，提高了产品的档次。她没有读过书，自己的名字不会写，开办工厂以后，需要她签名的文件和地方很多，商标上的名字也必须她自己写。为了写好自己的签名，她苦练了三天，终于可以把自己的名字写好了，为此她还高兴得请全厂人吃了一顿"大餐"。由于没有文化，看不懂各种文件和通知，她就请人念给她听，并苦练自己的理解能力和记忆能力。

四是刚开始生产量小，也无资金去购买大型的专业化生产设备，就用手工操作。切辣椒是个很辛苦的工作，辣椒很辣，会刺激眼睛和双手，又痛又痒，很难过，工人不太愿意干。她就带头自己干，工人们看老板自己都在干了，也只有跟着干了。

五是刚开始对产品的质量没有专业的检验设备，她就亲自品尝，由于辣椒的刺激性很大，她的胃溃疡病就从来没有好过。

六是大量的产品生产出来之后，销售是个大问题，用什么方法把产品销出去呢？刚开始，她是用篮子提着那些辣椒酱四处去推销。走遍了很多的机关企业食堂和商店，因产品没有什么名声，很多人没有吃过这种辣椒酱，所以那些食堂和商店都不肯进她的货。后来她跟商店的人提出：可以不要钱，先把商品摆在这里，卖出去了就收钱，卖不出去就不要钱，商店同意了。结果出乎商店的预料，辣椒酱销售特别好，商店只有成倍增加进货量了，销路一下就打开来了。后来，她的产品不但国内畅销，还远销到国外。

七是由于"老干妈"辣椒酱销售特别好，假冒产品也就多起来了，全国多达几十家。特别是有一家，把她的头像换作别人的头像，其他的原封不动地照搬，还抢注了她的商标，也叫"老干妈"辣椒酱。

陶华碧把这家公司告上了法庭，决定用打官司的方法，杀鸡儆猴，力争刹住这股仿冒造假的歪风。最后法院判决那家公司败诉，并赔偿名誉损失和财产损失。

她的产品好、销路好、效益就好。她用赚来的钱买了地皮，盖了新厂房、购买了大型现代化的自动化生产设备，办成了上千人的大型工厂，年销售额达几十个亿，最高时达到70多个亿，进入了贵州省前五的大型企业，帮助数十万农户解决了辣椒销售难的问题，上交了国家大量的税收，为国家的经济建设作出了贡献。

我们有不少人，总是觉得自己的条件不好、环境不好、工作不好。心生怨气，不安心工作，不诚心对待别人。试问，有几个人会比"老干妈"陶华碧的条件还差呢？她出生在大山里的小村庄，没有进学校读过一天书，连自己的名字都不会写。二十几岁就死了丈夫，她要抚养两个孩子、还背负了丈夫治病所欠下的一身债务。49岁才开始创业，没有资金、没有关系，没有人会比她这些更差的条件了。但她凭着自己肯动脑筋摸索出来的配方生产出一瓶小小的辣椒酱，从而打出了一片天下，进入了福布斯亿万富豪的名单，事业上取得了巨大的成功。

我们要向"老干妈"陶华碧学习，不管遇到什么样的困难和挫折，都要以百折不挠的顽强精神，去面对挫折、克服困难，肯吃苦、肯学习、肯动脑筋，善于发现身边的闪光点、找出灵感，去摸索出各种解决问题的好方法，从而改变我们的环境、创造条件、创新工作。当我们通过自己的努力，取得了成就，达到了我们预想的目标时，我们会有发自内心的自豪感油然而生。没有吃苦精神办不成事，没有好的方法，也注定不能取得一个又一个成功。

第四节　好方法有助于企业高质量发展

一个企业能够建立起来，生存下去，还能不断地发展壮大，靠的是许许多多的好方法让它成功。因为企业是一个庞大的集合体，少数简单的几种方法是难以支撑它建立并发展起来的，必须不断用各种各样的好方法去支持、发展和壮大它。但有时候方法不当，就会导致企业破产，也会因为采用了一种关键性的好方法，而使企业得到意想不到的、改天换地的高速发展。

有些小型工厂，也有个别的大型企业，因经营方法不好，产品单调落后，设备陈旧老化，管理措施不到位，生产的产品质量差，没有销路，企业亏损严重，最后只能是破产倒闭，职工下岗。

下岗后的职工，会采取各种各样的方法去赚钱，以达到养家糊口生存下去的目的。有的人是去外地打工，有的是在本地帮别人干点零工活，有的是用摆地摊做点小买卖的方法。那些有木工或泥工技术的，也许会成立一个建筑公司或装修公司，如果经营得好，不断发展壮大，慢慢会成为一个很赚钱的大型公司。

有一位老师傅，他所在的一家小型工厂因经营不善负债破产倒闭了，他也下岗了。这时他儿子又得了严重的疾病，治病用去了全部积蓄，还欠了一屁股的债，全家人的生活陷入贫困之中。

用什么方法改变现有困境，使全家人的生活富裕起来呢？在别人的指点下，他想到了生产"高效液体皂"的方法。他想办法凑到了2000元钱，买来了一口大水缸、一口铁锅和几只水桶，并请了一位工程师业余作指导，高效液体皂就正式投产了。

工程师一边做，他们就在旁边学，其他的生产制作方法都学会了，唯独凝固的方法没学会，做出来的高效液体皂清汤寡水，成不了又浓又稠的标准状态。工程师的方法是在高效液体皂中加一小勺白色粉末，这种粉末是工程师从自己家里带来的，而且躲着放，被他儿子看见了，问工程师说这是什么东西，工程师说："保密。"

后来工程师要走了，工程师走了以后，他们始终做不出这种高效液体皂来。没有办法，只得又去请教这位工程师，工程师说："告诉你可以，但要拿2000元钱来。"当时的2000元钱是一笔很大的数目，他还是咬紧牙关凑足了2000元钱把它买下来了。但他做梦也没有想到，原来这一小勺白粉，竟是每家炒菜都要用的普通食盐。

2000元钱只买了一小勺盐，成了当地的一个大笑话，但实在是一个传奇故事。他不只是买了一小勺盐，而是买了一种方法，一种可以生产高效液体皂的至关重要的好方法。他学会和采用了这种好方法，他的企业才得以发展，由一口缸变成了七口缸，一种产品扩展成多种产品，规模越做越大。特别是经过上千次试验、上千次失败，最后才成功研究出来的新产品，使他的企业上了一个大台阶。现在他的企业已发展成了大型的品牌企业了。

中国著名的海尔集团公司，原名叫青岛日用电器厂。1984年亏损已高达147万元，濒临倒闭，一年内换了四任厂长。年底12月份到任的张瑞敏就是第四任厂长。

1985年有消费者反映，他们厂生产的电冰箱有质量问题。张瑞敏把仓库里的400台冰箱全部检查了一遍，发现76台有问题。怎样处理？也就是用什么方法来处理这些冰箱效果最好？有人提出降价卖给内部职工。但张瑞敏坚决反对，他提出要全部销毁。他带领生产工人把不合格冰箱全部拖到广场空地上，他自己用大铁锤首先砸掉了第一台不合格冰箱，接着工人们把自己辛苦生产出来的其他75台质量不合格的电冰箱全部砸毁了。

这件事情引起了全厂职工和广大群众的震惊，在社会上引起了很大的反响。对于这批76台冰箱如何处理，采用什么方法处理，采用不同的方法就会出现不同的效果。如果采用降价处理给内部职工这种方法，效果不好，工人就会不重视质量，会继续生产出这种不合格产品，市场信誉也会受损，企业会难以生存下去，因为企业竞争会越来越激烈，你的冰箱产品质量不好，就会卖不出去，等待你的只有企业破产，职工下岗失业。

而采用当众全部销毁这种方法，看似损失了76台冰箱，但是带来的影响和效果却是巨大的。因为工人们看到厂长决心那么大，损失那么重，也会心痛、也会难过，也会体谅厂长的心情和做法，会自动下定决心，提高产品质量。而且这样做，更会提高市场信誉度，让广大消费者相信你，顾客才会放心购买你的产品，你的产品才会打得开销路，从而在社会上树立起品牌形象。

此后，张瑞敏和工人们一起，狠抓产品质量，想方设法去提高产品质量。由于张瑞敏和工人们一起采用了许多的好方法，制订了许多的产品质量标准和制度，并严格执行，提高了产品质量，1988年12月海尔公司获得了中国电冰箱史上的第一枚质量金牌，奠定了其在国内电冰箱行业的领头地位。

他们不但生产电冰箱，还开发扩大生产洗衣机、热水器、空调等其他多种产品。他们除了在质量方面采取了许多好措施以外，还在销售方面采用了很多好策略，如在全国各地都建立了销售网络，建立了直接面对顾客的服务体系。他们不但在产品的性能、规格、质量和式样上尽量符合顾客的要求，做到最好，在销售方法上更是胜人一筹。

他们不但送货上门，还派专人上门安装调试。上门安装调试的服务人员要带三种东西：一种是安装调试产品所需要的工具；二是一块布，用于堆放工具；三是一双鞋套，销售人员进顾客家门前，要先用鞋套套好自己的鞋子，才能进顾客的家门，免得弄脏顾客家里的地板。这是他们厂很早就采用的销售服务的好方法。

他们在各地的分公司，还会先后多次打电话到顾客家，第一次是产品正在安装的时候打电话，问是否已开始安装，有什么要求没有；第二次是安装完成以后打的电话，问安装好了没有？并打听安装的师傅喝了你家的水没有，吃或得了你家什么东西没有；第三次是过几天以后，问产品使用效果如何？有没有出现故障。因为笔者早期就买过他们的产品，他们就是这样做的，我也是第一次碰到这样的事情，他们这种优质的售后服务的好方法，给我留下了很深的印象。

他们的精神和态度确实感动人，大家都愿意去购买他们的产品，因此海尔公司发展很快。从1984年濒临破产的街道小厂，发展成今天的年销售额达千亿元人民币，他们已在世界各地建立了生产基地、综合研发中心和海外贸易公司，成为产品畅销世界各地的世界500强的集团大公司。品牌知名度和美誉度很高。作为公司首席执行官的张瑞敏，也确实花了很多心思，想出和采用了很多的好方法去发展和壮大他们的企业。

香港首富李嘉诚之所以有今天这样的辉煌成功，在他一生的奋斗中也是采用了许多好方法的。他的企业在创业之初也很艰难，他是靠生产塑料花起家的。有一次，一位急需大量塑胶花的外商来到他的公司，发现李嘉诚的公司很小，而且资金严重不足。他直率地提出，如果想做成这批生意，李嘉诚必须请一家资金实力雄厚的公司做担保，否则难以做成这批生意。

当时大家的资金都比较紧张，他没有向任何人去求助，包括他最亲的舅舅在内，而是采用了另外一种方法。他同设计师一起通宵不睡觉连夜设计试制了8朵样品花，其中5朵按外商的要求做的，还有3朵是既考虑了西方外国人马上过圣诞节的习惯，又掺进了我们东方民族的传统风格，具有很好的独特性，他还坦言相告：如能合作，他将以最优价格、最好质量、确保时间满足对方对塑料花的供货要求。

外商只需一种样品，而李嘉诚只花了一个夜晚就赶出了8种样品，还各具特色。外商为他的这种精神、这种真诚所感动，很高兴地答应合作，并提前预付货款。李嘉诚用这种方法获得了成功，他的企业也得以大发展。如果他采用另外的方法，按外商的要求到处去借款，去请人担保，不但钱借不到，样品也做不出来，他就会错过这次使他的企业得以发展的大好机会。

近几十年来，我们国家有大批的大型品牌企业涌现出来，他们都是不断创造创新，转变思维，打开思路，八仙过海，各显神通，采用了许多的好方法才取得成功，让自己的企业得到壮大发展的。

第五节　好方法可以让人类不断进步

如果你能创造出一种新方法，不但能让你自己成功，还能普及推广，让大家都来学习和采用你的这种新方法，就会给人类带来方便和进步。

现在几乎家家户户都有高压锅。高压锅可以较快速地烹制不容易煮烂的食材，用普通锅要一两个小时才能炖烂的食材，高压锅半个小时不到就可以完成，节省很多燃料和时间。

采用高压锅炖煮的方法是法国医生帕平在1681年发明的。那时，他因故被迫逃往国外，到了一个山上觉得饿了，就煮土豆吃。水沸腾开了，但土豆却没有熟。平时在家里水开了土豆就煮熟了，为什么到了山上水开了土豆就煮不熟呢？他苦苦思索并寻找原因，后来不断研究改进方法，发现原来是山顶上空气稀薄气压低，气压低水的沸点就降低，土豆自然就煮不熟了，因为家里的水是要到烧到摄氏100度才会开，土豆也是要高温才会煮熟的，而山上的水由于气压低，到不了摄氏100度，有可能不到90度就开了，土豆自然是熟不了的。

他突然想到，如果把锅子密封起来，不受外界的影响，而且锅里的气压会随着温度的升高而不断加大，沸点也升高，这样东西不是很快就会煮熟煮烂了吗？他根据这个思路设计制作了一种密封的高压锅，并通过不断的实验和改进，在高山上，所有的食物也都能煮熟煮烂了，而且所用时间变短，也节省了燃料，他终于获得了成功。

这种密封的方法做成的高压锅推广普及后，也给人类带来了方便和进步。现在几乎所有的家庭都有高压锅，凡不容易煮熟煮烂的东西，拿高压锅一焖就好了。

世界上许许多多的科学家和发明家，都在为研究出能造福于人类的新方法、新发明和新创造而努力奋斗，成千上万次进行着各种试验，就是要寻找到那些好的方法，能够创新成功的方法。成千上万次的试验就有成千上万种方法，而其中有许多不成功的方法，自然是不好的方法，只有那些成功了的方法才是好方法，才是对人类有用的方法。人类运用这些有用的好方法为自己造福。每一种成功的新方法的出现，都会给社会带来方便和进步。

同类不同种的动植物杂交，有可能会产生更好的后代，这是近代人类研究发明的一种新方法。但水稻属于雌雄同花、自花授粉而难以人工授粉的作物，如何杂交培育出高产的新一代，成了世界性的难题。全世界有许多的科学家，用各种各样的方法去试验，都没有获得成功。被称为"杂交水稻之父"的袁隆平采用"三系配套"的方法，也叫"三系法"，解决了这一世界性的难题。

袁隆平和他的团队常年累月在海南岛四处奔波，辛苦很多年，终于找到了一株强势野生雄性不育系母稻，通过三系配套的方法，培育出了优质高产的杂交水稻新品种。水稻亩产由原先的最低的二三百公斤，增加到上千公斤，最高的都达到1600多公斤了。在目前世界上可耕种土地面积不断减少、人口不断增多、吃饭成了人类最大问题的时候，大面积播种这种杂交水稻新品种，可以逐步解决世界人类吃饭的这一大难题。中国从1976年至1989年的14年间，累计种植杂交水稻达14.56亿亩，增产稻谷1000多亿公斤，增加总产值300多亿元。同时，全世界几十个国家都在推广播种这种杂交水稻，取得了巨大的经济效益和社会效益，给人类带来了发展。

袁隆平成功了，他是采用这种好方法取得成功的。他为发明和运用这种好方法而付出了许多艰辛的努力，当然他也得到了回报：1981年6月6日他得到了新中国第一个特等发明奖，2000年获得国家最高科技奖。还先后6次分别获得联合国等国际组织颁发的科学、发明和创造等各种金奖与大奖，多次参加国际水稻会议，并到许多国家讲学。先后被评为全国先进科技工作者、全国劳动模范、国家有突出贡献专家。如果袁隆平不是千辛万苦找到这种成功的好方法，他就不会得到这么多荣誉。

有的人为能研究出一种新方法而奋斗了一辈子，有的甚至要通过几代人上百年的努力才研究出一种新方法，有的是世界上成千上万的人都在为研究一种新方法而共同奋斗。例如，现在医院里用相同的血型给人输血的好方法，救活了成千上万人的生命。但这种方法是经过长达300多年的时间和许多科学家分别努力下，才研究出来的。

早在1607年斯普拉特就提出了可以进行输血的设想，1628年哈维发现了血液循环的现象，并进行了输血试验，1665年理查德·罗尔发表第一个在狗与狗之间成功输血的报告，1667年丹尼斯等人完成了将羊血输给人的试验，但出现了严重后果甚至导致了一些人的死亡，1668年法国议会发布命令禁止输血。过了一个多世纪，到了19世纪，人们改进了输血方法，将以前的血管对血管改为针管抽取和注射的方法，并进行首例人对人的输血试验，但仍会发生死人现象。直到1896年，兰德斯坦纳通过试验，发现人有 A 、B 、O 三种不同的血型，一年后狄卡斯特罗和斯杜利又发现了第四种血型AB型，至此，人们发现这种用相同的血型可以进行输血的好方法以后，才得到全世界普遍的应用，从而也挽救了成千上万因失血而濒临死亡的人的生命。由于兰德斯坦纳的出色贡献，1930年他获得了生理学和医学的诺贝尔奖。

人们根据烧开水所产生的蒸汽有股冲力能把水壶盖子冲开的现象，发明了蒸汽机，用蒸汽机作为原动力带动其他机器运转，这是一种很好的方法。而瓦特所发明出来的功能比较完善的蒸汽机被广泛用于纺织、矿产、冶金、机械、交通运输等行业中，从而推动了18世纪工业革命，带动了世界工业和经济的飞速发展。

瓦特的主要贡献就是他在纽可门式的蒸汽机上单独加了一个蒸汽冷凝器，用这种方法提高了效率，减少了燃烧耗煤量，同时由"单动式蒸汽机"改为"双动式蒸汽机"，采用了在汽缸活塞两端轮流进气和排气的方法，使蒸汽既能推动活塞上升，又能推动活塞下降，改变了过去单动式蒸汽机不能连续运动的缺陷，另外又加了一套飞轮和曲轴机构，用这种方法将活塞的直线运动变成了圆周运动，可以很方便地运用于其他所有工作母机的原动力。

在发明了电、发明了发电机以后，人们又发明了电动机，用电动机作各种机械设备的原动力的方法更好，笔者刚参加工作时，听老师傅们说，他们年轻时还没有电动机，是靠人用手摇的方法带动机器生产的，一个人摇，一个人操作，要两个人才能开一台机器，他们都干过这种活。现在人们普遍使用电动机作为原动力了，因为成本更低、效率更高、噪音更小、轻松省力，而且操作更方便了。

大家都知道，电灯是世界发明大王爱迪生发明的。怎样才能使电灯长时间发亮呢？用什么材料做灯丝是关键。爱迪生先后找了木炭、石墨、木材、稻草、亚麻、各种金属以及贵重的白金甚至人的胡须等上千种材料做试验，都没有成功，有的只能亮几分钟，根本没有使用价值，只有用棉线烧烤成的炭丝做灯丝发光的时间长一点。采用不同的材料做灯丝就是不同的方法，也就是在试用过的上千种方法里，只有采用棉线烧烤成的炭丝做灯丝的方法比较好些。可是所有的材料在空气中燃烧，空气中含有大量的氧气，缩短了灯泡的使用寿命。1879年10月21日，爱迪生采用了玻璃真空加棉线炭丝的方法使电灯的寿命达到了45小时，获得了初步成功。

1880年有人送了一把中国的骨扇给他作圣诞礼物，扇子是用竹子材料做的，他立刻把它剖开烧烤成炭丝做灯丝，结果发现竹炭丝发光的亮度比其他炭丝要强好几倍，而且寿命长达200个小时以上。他马上派出20多人分头到世界各地去采集竹子品种，竟收集了6000多种不同的竹子，他逐一用这些材料做实验。最后发现用一种日本的扁竹子烧烤的炭丝做灯丝的电灯寿命最长，可达600个小时以上，爱迪生就改用竹子炭丝做灯丝了，并在一些街道区域范围内做试验，用安装电灯的方法，为一些家庭照明。

直到1904年，两名奥地利人又发明了用金属钨丝做灯丝的方法更好，寿命更长，但后来人们更是发明了荧光灯、LED灯等各种新灯照明，效果更好。爱迪生发明了用电灯照明的方法，为全世界带来了光明，带来了方便、进步和发展。

在长达数千年的古代社会中，实行的是农业生产为主、少量手工业相结合的农业社会。用牛拉犁耕田生产粮食，用锄头挖地种菜的方法，沿用了数千年都没有改变。手工业也是极其简陋的，如制作铁器产品的铁匠，就是用手将铁块放在小火炉中烧红，然后放在铁砧上用铁榔头锻打的方法，做出了锄头、镰刀、犁头、斧头、菜刀等劳动工具，以及铁锅、水壶等生活用品，生产方法极为落后。还有砌砖盖瓦建房子的泥工，用木头做桌、椅、床、柜、水桶等的木工，用竹子做箩筐、篮子、竹床、竹席等的篾工，等等，以前都是叫铁匠、木匠、篾匠，统称为手艺人，尊称为师傅。他们都是用手工的方法，生产制造各种小工具和生活用品，他们没有工厂，不能专业化批量生产，而是走村串户，到别人家里去做工，生产效率很低，生产方法极其原始落后。

近代工业革命，实际上就是各种工业生产方法的创新，形成了一种浪潮，大家都在积极地设想和创新各种新的好的效益更高的生产方法，大量各种各样的好方法被人们设想出来，如用机器化生产的方法代替手工生产，用工厂大规模化生产的方法代替家庭作坊式生产，用大批量流水线式生产的方法代替单个手工生产，等等，极大地推动了社会生产力的发展。许多新产品也被人们设想创新和生产制造出来，每一种新产品就带来一种新的使用方法，方便了人们的生活，提高了人们的生活质量。特别是各种农业生产机械设备被发明出来，并投入到农村中，从翻地松土、播种施肥、切割收果等，全都实行农业机械化操作的方法，既减轻了农民的劳动强度，提高了生产效率，又可大规模地生产，促进了农业的高速度发展。工业化方法的创新，确实对人类社会的政治、经济、文化、军事、科技和生产力的发展，起到了很大的推动作用。

现在，社会上有各种研究和设计院所，有搞房屋建筑研究和设计的，有搞机械设备研究和设计的，有搞电路电器研究和设计的，有搞集成电路芯片研究和设计的，有搞软件编码程序控制研究和设计的，有搞汽车、火车、轮船、飞机、导弹航空器研究和设计的，有搞服装研究和设计的，有搞水利工程研究和设计的，有搞铁路、公路研究和设计的，等等，基本上各行各业都有这种研究和设计院所，他们研究和设计出来的新技术、新产品，实际上都是采用一些新方法。

进入各种研究和设计院所的，基本上都是大学毕业生，甚至是硕士和博士毕业生。他们都有很高的学历和丰富的知识，有了很好的基础，可以研究出新成果，也能设计出各种新产品来。

要研究出新成果，难度要大些，而要设计出同种类型的新产品相对要容易些，因为他们每天都在从事着设计工作，学习和掌握了设计工作的各种丰富的基本知识和设计方法。对他们所要设计的产品的结构原理、性能特点、材料运用、运行规律等都很熟悉和了解。有了这些基础，设计起来就轻车熟路了，凡业主生产生活所需的同类型的各种产品都能设计出来。

高速发展的现代社会，时间不长却改变了封建社会许多千年不变的样式。如改变了上千年不变的房子样式，由原来的泥巴地的小平房甚至是茅草房变成了高楼大厦或豪华别墅；改变了上千年不变的劳动工具，由镰刀、锄头、斧头、木犁等，变成了拖拉机、联合收割机等农业机械；改变了上千年不变的服装，由手工织的土布长衫，变成了面料细软、式样多彩的高端服装，手机、电脑、网络、汽车等各种高科技产品，现在都成了人们的生活日用品，人们充分享受高科技带来的便利。

以前在农民家里，照明用的煤油灯、储水用的大水缸、煮饭用的木柴火、方便用的大尿桶、磨米面用大石磨、分离米糠用的鼓风机、耕田用的犁、耙等农具，现在再也找不到了，有的是淘汰不用了，有的是放进博物馆里去了。

现在大部分的产品，都是事先设计的，设计是根据使用者的需求和特点，选择最优方案来设计的。也都是先设计，后施工生产的。严格按照设计图纸来施工，验收合格满意后，才能交付使用的。不同的设计，就会生产出不同的产品，不同的产品有不同的性能特点，就有不同的使用方法，可以满足各自不同的需要。

如房屋建筑设计。现在，我们可以看到各个城市那些高耸入云的写字办公大楼，每一栋的外貌形状都不一样，内部平面结构布置也不一样。他们都是根据工作的性质、业主的需求，按最优方案来设计的，充分体现了高大、气派、辉煌的建筑风格。就连农村农民的私房，也都是通过事先设计的，房屋内部的装修也都要事先设计好，还要画出效果图，从外部形貌到内部结构都要画出立体化效果图来，让业主可以一目了然。业主不满意的，还要作出修改，直到满意了才能开始施工。在老家的农村，我看见不少农民家的房子，矮的三四层，高的六七层，上盖红色机制水泥瓦、墙铺彩色磁板砖、外凸观光凉台、安了不锈钢制的安全大门、院子有围墙，一看就知道，这都是豪华型的小别墅，比城里那些一栋栋连成排的住宅型小区的房子还要好。

近几十年来，我国的工程创新、方法创新、技术创新工作，取得了飞跃性的发展。

据有关资料显示，我国人工智能专利申请量居世界第一，2020年前的10年，全世界人工智能申请量为52万多件，而中国就达38.9万多件，占全球的74.7%，集成电路布图设计累计发放专利证书达5.9万件。

2012年至2021年，累计评出中国专利金奖310项，获奖项目新增销售额超过2.5万亿元人民币，我国知识产权使用费进出口总额累计达2.19万亿元人民币，为国家产生了巨大的经济效益。现在，我国拥有了中国人自己研究设计建造的高出水面565米的世界上最高的北盘江大桥、长达55千米的世界最长的港珠澳大桥、高达632米的上海中心大厦，拥有了中国人自己研究设计制造的2016年出产的运算10亿亿次/秒居世界第一的神威"太湖之光"超级计算机、火星探测器"天问一号"、中国航天空间站、C919大飞机及刚下水不久的第三艘航空母舰"福建号"，等等。每一种新产品都是通过各种各样的好方法生产制造出来的，每一种可以推广使用的新产品，都为人类带来了方便和进步。

第六节 好方法可以让家庭幸福美满

在原始人类的进化史上，组建一个家庭，也是人类生存的一种方法。组建家庭的方法好，你生活就幸福，你的目的就达到了；组建家庭的方法不好，你的生活就会不太幸福，达到目的的效果就不太理想，如果是一个糟糕的家庭，还会给你带来痛苦，就不能达到你要幸福生活下去的目的。

所谓家庭，主要就是有血缘和亲情关系的几个人住在一套房子里，这几个人一般都是夫妻、子女和父母等人。他们住在一起、生活在一起，相互帮助、相互关心、相互照顾，家庭就是用这种方法组建的。

家庭是人类生存的最大需求之一。家：人可以在这里躲风避雨，防止大自然的伤害，给人带来舒适；家：人可以在这里吃饭睡觉，去除饥饿，消除疲劳，解决了人的新陈代谢和生存问题；家：是夫妻可以共同生活的地方，在这里可以相互关心、相互恩爱并繁殖后代；家：人可以在这里抚养子女、供养老人。全家人在一起，其乐融融，幸福美满，全家人要幸福地生活生存下去的目的也就达到了。

如果你家的房屋不好，总是漏风漏雨，你生活不会幸福。如果你夫妻关系不好，总是吵吵闹闹，你也同样生活不会幸福。如果你的家人哪怕只是一个人生病倒下，你也会感到难过。如果你的小孩教育不好，学习成绩很差，还会闹出一些坏事情，你内心会痛苦。如果你工作不好，收入太低，一家人吃不饱，穿不暖，父母无钱看病，小孩无钱读书，连基本的生活都维持不了，你的生活更是难以幸福，你要幸福生活生存下去的目的所要达到的效果就不太理想了。

要想你的家庭好，就要解决以下四个主要方面的问题：

第一个方面是钱的问题。有了钱，你就可以买好的房子，住的问题就解决了；有了钱，可以买各种各样的食物，甚至美食佳肴，吃的问题就解决了；有了钱你就可以买各种服装，甚至品牌服装，穿的问题就解决了；有了钱，父母的赡养问题、小孩的上学读书问题，以及其他各种需求的开支问题都可以解决，就可以让家人过上富裕的生活，可以很理想地达到你全家人要幸福地生存生活下去的目的。

第二个方面是全家人的关系问题。夫妻之间的关系、父母与子女之间的关系，以及其他人之间的关系。只有全家人的关系处理好了，大家都采用相互关心、相互帮助、相互爱护的有爱方法，这个家才会其乐融融，幸福美满，人与人之间才会充满了爱。

第三个方面是子女的教育问题。包括知识技能教育、思想道德教育、为人处事生活常识教育。只有采用好方法把孩子教育好了，子女才会有出息，才会出人头地，事业成功，为家庭赚更多的钱；才会思想道德良好，孝敬父母、尊敬他人，才会获得社会所有人的尊重。你的家庭才会有幸福感。

第四个方面是全家人的身体健康问题。要采用好方法去保证全家人每一个人的健康，哪怕只是一个人的身体不健康，生了大病，全家人都会陷入痛苦之中。全家人的工作生活秩序都会打乱，治病需要很多钱，家庭的经济状况都会受到影响，弄不好还会一夜返贫，全家人的生活就难以幸福了。

要解决这些问题，就要采用好的方法，赚钱要采用赚钱的一套好方法，人与人之间的关系，要采用处理人与人之间关系的一套好方法。对孩子教育要采用一套进行高素质教育的好方法。对每个人的身体要有一套确保健康的好方法。每一个方面的问题都要有一套与之相对应的好方法，才能达到全家人要幸福地生存生活下去的总目的。

一、要用好方法去赚钱让家庭生活富裕

1.勤奋地工作，满意的收入

每个家庭每天的吃穿住行是需要各种各样的物质来满足的，现代人的生活水平提高，所需的物质和品种也随之增多，使人们对增加收入的需求也越来越迫切。

有了工作就能赚到钱，那么如何工作能赚到更多的钱呢？

第一，要合理规划时间。时间是效率的基础，合理规划时间是提高工作效率的第一步，避免时间浪费和精力分散。第二，设定明确的可以量化的目标。工作效率的提高需要明确的目标，明确的目标可以提高我们的自身动力和专注度，激发工作热情。第三，提升人的技能。我们可以通过学习或培训来提升自己的专业知识和技能，从而更加熟练且高效地完成工作任务。第四，合理分配任务和资源。在个人或团队工作中，通过充分了解每个人的专业领域和技能，将任务分配给最合适的人，保证每个任务都能得到及时和充足的资源支持。

在工作实践中，我们应结合自身实际情况，灵活运用各种方法和策略，并根据实际效果调整和完善，这样不仅能够增加个人收入，也能为个人、家庭和企业创造更多的价值和机会。

2.专业化生产可提高效益

随着人类的进步，社会的发展，人类需要的物质越来越多，品种也越来越丰富，每一个品种的生产就意味着一个行业的诞生，俗话说"三百六十行，行行出状元"，但现在无疑有成千上万种行业。

北方有个村子，他们种植苹果。苹果好卖，但苹果树不好处理。苹果树的枝又细又短，节疤还多，既不能用来打家具，又不愿意当柴火烧，因为很难劈开，还不好烧。自己不愿意用，卖又卖不掉，而且过几年树老了就要换

一批，数量不少，堆又没有地方堆，很让人头痛。

但还是有一个人很聪明，他想出了一个好方法：他买来了圆木车床、钻床、电锯等机械加工设备，办了加工厂，成立了一个艺术品公司。他把这些苹果树枝用车床加工成擀面杖，还根据树枝的粗细加工成各式各样的工艺美术品，卖到北京、天津、上海等地，还很畅销。原来当柴火卖，也只是二三分钱一斤，而且还很难卖出去。加工成擀面杖，一斤可卖十几元钱，加工成工艺美术品，一斤可卖上百元钱。他以柴火价大量收购这种便宜的苹果树枝，把这种没有人要的苹果树枝，通过机械化加工专业化生产的方法，变成了各种高档艺术品，赚了不少的钱。由于采用了这种专业化生产的好方法，他成功了，生活富裕了，他的公司也越办越红火了，果农的难题也解决了，真是两全其美。

3.规模化经营可以致富

随着社会的不断发展，市场竞争也越来越激烈，而且大家都是专业化生产，效率很高、成本很低，除了要专业化生产外、还必须采用规模化经营的方法，才会有较强的市场竞争力，才能生存生活下去，而且还可以发家致富。如果还是采用小作坊的方法去小批量的生产，成本就会很高，效率很低，产品就会卖不出去，就有被社会淘汰的危险。

所谓规模化经营，就要想方设法创办自己的公司、工厂、商店、养殖厂、种植场等企业，自己当老板，把企业做大做强，把量做大，把面做广，只有企业规模化经营了，效益才会高。

在农村，因为现在土地可以流转了，可以选择租赁更多的土地，变成种粮大户、农场主，实行大规模的方法经营，就可以收获更多的粮食，卖更多的钱了。有的人在当地开办养鸡场、养猪场、养牛场，以及其他的企业，自己当老板了。养鸡、养鸭、养猪、养牛都是规模化经营了，现在科学技术发达了，采用的是机械化生产、智能化操作、工厂化管理等最先进的技术方法，只要几个人十几个人，一年就可以种几百甚至上千亩地的粮食，养数万只鸡、近千头猪、近百头牛，采用规模化经营的方法以后，经济效益提高了，人们的生活也就更富裕了。

在城市里，也可以把自己的小商店开成大商场、大超市，小作坊开成大工厂、小公司开成大公司，单个店开成多个连锁店，可以市内连锁、省内连锁，甚至全国连锁。现在有很多企业都采用了这种连锁的方法进行经营，有酒店连锁、超市连锁、菜场连锁、咖啡厅连锁、烤鸭店连锁，有些大型工厂在世界各地开设分厂，实际上也是一种连锁，是一种工厂式的连锁，各种各样的连锁企业越来越多，规模越办越大，钱越赚越多，规模化经营了，小老板变成了大老板。各种赚钱的方法越来越多，赚的钱也越来越多，家里越来越富了，生活水平也就越来越高了。

广阔天地大有作为，一个人只要勤劳肯干，会想办法，总会让家庭生活越来越好，越来越幸福的。幸福的生活要靠勤劳的双手和智慧的头脑不断创造。

二、要用好方法处理人际关系让家庭充满爱

1.家庭关系有哪些

家庭关系主要有夫妻之间的关系、夫妻与子女之间的关系、夫妻与父母之间的关系，当然还有父母之间的关系、子女之间的关系、祖父母与孙子女之间的关系，家庭每一个成员与其他人的关系，还有与邻居间的关系、与亲戚朋友间的关系，等等。这些关系处理不好，同样都会影响到家庭的幸福。所以我们一定要用好方法去巧妙用心处理人与人之间的关系，让家庭充满温暖，充满爱。

五十多年前，我住过一次医院，病房很大，病人多，陪护的人也多，探望的人更多。我仔细地观察和研究了他们之间的关系。发现父母，特别是母亲对子女的关系最好。父母总是全心全意想方设法去对待自己的了女，对子女总是问寒问暖，关怀备至，不管子女需要什么，父母总是想尽一切办法给他们办到。汶川地震有一个母亲为了保护小孩，不惜牺牲了自己的生命，趴在孩子身上，为其支撑生存空间。事实上，很多的父母为了自己的小孩都是不惜任何代价，甚至是自己的生命，而且是无条件地付出。有一位母亲，

她女儿读书很好，名牌重点大学毕业后，考上了美国的留学生，攻读硕士和博士学位。但这位母亲，爱人刚得癌症去世不久，经济特别困难，她就果断地把自己住的房子卖掉了，把钱全部给女儿去美国读书。女儿也懂事，很争气，学费不够的部分，靠自己打工挣得。

第二个很好的，要属夫妻关系了。好的夫妻关系也是用好的方法相处，相互交心付出换得，他们常常是相依相伴，问寒问暖，关怀备至，相互照顾，非常贴心，不管对方要什么，都会想尽一切办法去办到。当然，这里有一个先决条件，就是指那些夫妻关系好的，如果夫妻关系不好，那就要想些办法互相改善了。

第三是子女对父母的关系，他们之间的关系很好，取决于相处方法也要好。为了报答父母的养育之恩，优秀的子女会尽心尽责服侍自己的父母，照顾自己的父母，孝敬父母。父母住院时，他们会日夜陪护在身边，父母需要什么，他们也会尽心尽力地去办到。但他们对待父母，与父母对待他们相比，也总要稍微差那么一点点，主要就是态度上没有父母那么热心，行动上没有父母那么主动。

第四是兄弟姐妹之间的关系了。他们是同一个父母生下来的，本应该感情很深，所谓情同手足，说的就是这种关系。一般来讲，他们之间也会以较好的方法相处，相互照顾，有什么困难，都会相互帮助解决。当然没有像父母对子女和夫妻之间那样贴心，那样主动，有的兄弟姐妹之间有事才会走动，没有事就互不联系了。

排第五的当数其他亲戚之间的关系了。正常来讲，人情世故，大多数亲戚之间的关系也非常友好，过年过节他们会带着一些礼品来看望，说一些好听的话来安慰，有困难时也会来帮一下忙。

为什么父母与子女之间和朋友与朋友之间相处的方法不一样？其他关系相处的方法也不一样？这与彼此之间的情感不一样、需求不一样有关系。

子女是父母自己亲生的，又是自己一口奶一口饭、一把屎一把尿把孩子抚养长大，从抱着走到牵着走，从不会说话，到大学甚至博士毕业，直到参加工作，可以自食其力，可以说是费尽了千辛万苦。他们既有最亲的血缘关系，又长期生活在一起，是有着很深的情感的。子女小时候要靠父母抚养才能长大，父母老了也要靠子女的供养才能安度晚年，他们谁也离不开谁，而且要代代相传。夫妻之间虽然没有血缘关系，但他们由最初的爱情关系，变成了爱情加亲情的关系，而且他们又长期生活在一起，组成了一个家庭，更有生理的需要和传宗接代的需要。兄弟姐妹及其他亲戚也是有一定的血缘关系，有一些依靠需求。而朋友之间是没有血缘关系的，也没有依靠需求，只是平时在一起玩得多一点好一点而已。因此，他们之间的关系不一样，情感不一样，需求不一样，所以相处的方法及亲密程度也不一样。

2.抚养孩子，供养父母，是人类的法律责任

父母有责任抚养自己的子女，子女也有责任和义务供养自己的父母，这是国家法律作了规定的，不这样做，就要受到法律的制裁。抚养孩子、供养父母，这是人类发展的结果，是天经地义的，这也是一种生存方法，通过这种方法，可以让小孩能更好成长，老人能更好善终，可以让全社会的人都能处于一个美好的生活状态，才能体现人类社会是一个温情的社会、完美的社会、充满文明的社会。

高度发达的现代社会，人们对养老问题看得更为重要。人的生存质量普遍提高，小孩的抚养成本很高，同样养老的费用也在增加，但通过抚养小的、供养老的这种方法，也达到了让整个社会充满文明、稳定、有序和美满的目的。

3."家和"才能万事兴

俗话说："家和万事兴。"这句话说得非常有道理。所谓"家和"，就是家庭里的气氛是和谐的，人与人之间的关系是和睦的、和气的、和好的，概言之，就是相互之间的关系是非常友好的。让家庭内的人相互尊重、相互照顾，友好相处，通过这种温暖有爱和谐有序的方法，就可以达到"家和"的目的。

有了"家和"才能万事兴。家庭和谐，人与人之间相互友好，就必然要

采用相互沟通、理解、关心、帮助、相互支持的方法去相处。这样，一是家里的人就可以安心地去做自己的事情，提升事业发展；二是当有人发生困难时，其他人都会伸出手去关心他、支持他、帮助他，让他把事情做好，让他的事业取得成功；三是一个人做不了的事情，可以两个人一起去做，两个人做不了的事情，可以更多的人去做，甚至全家人一起上，就可以做更多更大的事情，完成更大更宏伟的目标，抱团取暖，人丁兴旺，就能"万事兴"了。

假如家庭不和谐，相互之间不友好，人与人之间不是吵就是闹，互不相让，甚至相互攻击、相互扯皮、相互拆台，采用这样的坏方法不停去对待别人，在这样的家庭里是做不好事情、干不成事业的。因为吵了架的人，心情就不好，就集中不了心思去做事情，事情当然干不好。当一个人有困难时也没有人肯去帮助他，他只能是面临着失败和放弃。需要更多人共同努力才能完成的大事情、大事业，因为相互不支持、相互拆台、不能同心协力，也是没办法完成的。没有"和"的家庭，万事都不能"兴"，赚不到钱，获取不到经济效益，生活是难以富裕的，幸福更谈不上。实际上，"家和"也是一种兴家之道，是一种可以让家庭幸福的好方法、好方略。

4．"家和"首先就是要"夫妻和"

家和首先就是要夫妻和，这是一种最好的方法，只有夫妻和了，其他关系才容易和。因为夫妻在一个家庭中是起主导作用的，他们要担负起抚养和教育子女的责任。他们自己做得好，子女也会跟着学好，父母的行为是孩子最大最好的榜样。父母行为不好，小孩也容易跟着学坏的。夫妻之间的关系好，夫妻与孩子之间的关系就容易处理得好，孩子之间的关系在夫妻的教育帮助下，也会处理得很好。

同样，夫妻对自己的父母有孝心，尊重父母、关心父母、让父母过上美好的晚年生活，夫妻与父母之间的关系也一定会相处得很好。

以上所讲的，是以好的方法来处理家庭成员之间的关系，夫妻之间是以恩爱的好方法来处理相互之间的关系；夫妻与子女之间的关系，是夫妻以关心帮助正面教育的好方法来处理对待；夫妻与父母之间的关系，是夫妻以尊重照顾双方父母的好方法来处理对待；其他人也是以相互关心、相互帮助、相互友好的方法来相处；因为各方关系经营有道，方法得当，所以全家人都会感到温暖，生活一定会是和谐、幸福、美满的。

如果用不好的方法来相处，譬如夫妻之间相互冷漠、互不关心，甚至整天吵闹不休，以坏心情坏方法来处理，家庭之间的关系是好不了的。夫妻对子女，不是打就是骂，自己又不能以身作则，不是喝酒就是打麻将，成天吃喝玩乐，对小孩不关心不帮助不正面教育，用这样负面的行为方法来处理，小孩是会恨这对夫妻父母的。夫妻对自己的父母不尊重、不孝敬、不关心、不赡养，甚至嫌弃怠慢，父母是会非常失望的。家庭成员之间勾心斗角相互之间关系冷漠，这个家庭成员之间的关系肯定是分裂的，而家庭生活肯定是痛苦的、不幸福的。

有一对三十多岁的夫妻开了一家商店，他们有一个宝贝儿子，夫妻恩爱，生活美满，是一个典型的幸福的小康家庭。但是在儿子即将上小学时，家庭发生了变故，因为丈夫在别人的诱惑下迷上了赌博，想用赌博的方法来赚钱，而且上了瘾。但他运气不太好，加上技术也有点差，赢的时候少，输的时候多。有一次，他向别人借了五万元钱，一个晚上就输了个精光。不到两年，他把家里的存款全部输光了，还欠了二三十万元的赌债。

丈夫染上了赌博恶习以后，生意也不太打理了，大部分的生意是妻子在做。输了钱就问妻子要，要不到就骗，骗不到就骂人甚至打人，对妻子实行家暴，全年365天，大部分的时间是在吵架和打骂中度过的。有一次，他做生意欠了别人几万元钱，妻子给了钱让他去还，但他一分钱未还，而是拿去赌博又全部输光了。债主找上门来，妻子才知道给他的那些钱是用去赌博全部输光了。后来经常有债主上门讨债，而且大部分是赌债，都是妻子想方设法替他把债还了，为了还债，家里有时候穷到连吃饭的钱都没有了，日子确实过得很凄惨。

有一次妻子病了，她一个人去医院做了手术。出院时，丈夫甚至仍在赌桌上都没有去接她，妻子只好打电话叫其他亲戚去接。亲戚一片好心，把她安排在店里住，以为可以安心养病。但第二天，他就逼着妻子回家陪他，妻子不肯，他就动手把妻子拖下了床。妻子的手术刀口还刚拆的线，如果不保护好，就有裂开的危险。妻子的愤怒到了极点，但看在儿子的份上，妻子一次次地原谅了他，这次实在伤了心，她果断地提出了离婚。

他依赖妻子惯了，不想离婚。中国有句俗话说：宁拆十座庙，不毁一桩婚。有些亲戚朋友，一方面劝女的不要离婚，一方面劝男的改正赌博和打人的坏习惯，好好对待妻子，照顾儿子，恢复以前平静幸福的生活，给孩子一个完整的家。男的这时也后悔了，认识到了自己的错误，知道自己以前想靠赌博赚钱以及打骂妻子不管儿子的各种做法都是非常错误的，给妻子儿子带来了痛苦，导致了家庭的破裂，表示以后要好好地改正，让妻子不要离开自己，保证以后会给妻儿带来幸福的生活。

在别人的劝解下，妻子最后答应给半年时间，让他去改正错误，不再赌博，不再打人，给家人以温暖。改得好，就不离婚，改得不好，就坚决离婚。

有的人想靠赌博的方法来赚钱，这是一种最坏最可怕的最行不通的方法。赌博人不是通过正常的劳动、生产或服务，而是通过赌这种投机取巧的坏方法，直接去谋取别人的钱财。在赌桌上，为了赢钱，人与人会红眼，会忘掉人的本性，什么缺德的事都可以干出来。有的是采用出老千做假牌，还有的是采用相互勾结、串通一气、谋害别人的坏方法，让别人输钱。

俗话说：十赌九输，意思就是说，十个赌博的人，最后会有九个人要成为输家。只有一个人会赢，这个人应该是开赌馆的庄家，或是实力最强最有钱的那个人，还有使诈陷害的人。因为庄家可以抽成收钱，不会亏本，实力最强钱最多的那个人，这次输了，下次又可以拿出钱来翻本。而那些本钱少的人，一旦把本钱输光了，就再没有钱翻本了，如果再借高利贷，亏损就更大，导致精神不好，运气就会更差，一辈子都翻不了身，成了永远的输家。

有的人输了不服输，总想着还要赢回来，本钱都输光了，哪怕借高利贷还要赌，坚持不学好，再赌再输，最后的结果只能是债台高筑、倾家荡产、妻离子散了。

在赌桌上，大部分的人看到的是赢钱的人，转眼间就可以得到很多钱，以为发财很容易，都想去试一试，所以总是不缺少赌钱的人，一赌就上瘾的人也很多。这也就导致人越陷越深，无法自拔。

早在改革开放初期，有一个老板利用自己家的店面，开了一家钢材经营部。他有点经商的头脑，当初钢材比较俏，他采用倒买钢材的方法发了财。但他也喜欢赌博，想用赌博的方法来赢得别人的家产，但没有想到，一个晚上竟把自己的经营部全部输掉了，除留了一部电话机可打电话外，全部钢材、店面等其他全部东西都输给别人去了。他是彻底破产了，一无所有了，没有钱进货，生意也做不起来了，老婆也跟他离了婚，这就是他赌博的最后下场。

近些年来，一些电视台做家庭关系调解的节目，报道了因赌博而导致夫妻关系破裂的案例也很多，占调解的比例还不少，有的调解成功，夫妻俩高高兴兴回家，有的调解失败，夫妻只能以离婚告终。所以，"家和"首先要夫妻双方走正道，同心同德，齐头并进，远离一切坏习惯、坏行为，才能治家有方。

5.现实生活中夫妻相处的几种类型

夫妻关系是家庭关系的重点。目前社会上夫妻关系有哪些相处形式呢？笔者认为主要有下列几种：

第一种：志同道合共同奋斗型。

夫妻双方志同道合，共同奋斗，共同把事业越做越大，共同把钱越赚越多，共同把各种关系处理好，把自己的家庭建设维护好，让全家人生活富裕、幸福、美满且充满爱。他们志向相同、兴趣相同、爱好相同，相互了解、相互关心、相互帮助、追求事业且配合默契。这是夫妻相处的最好方法，也是最理想的夫妻相处之道。

有一对花样滑冰选手，他们已经取得了多个世界冠军金牌，他们也终于拿到了渴望已久也是最重要的奥运金牌，颁奖过后，男的拿着鲜花和钻戒在现场半跪着向女的求婚，女的很高兴地答应了，他们激动地拥抱在一起，成了让世界上无数人羡慕的很幸福的一对。

他们既是男才女貌，也是女才男貌，他们真的是男的帅女的美，而且都有才，因为他们要表演的是同一个要相互配合的滑冰舞蹈节目：滑冰双人舞，他们都要达到一样的技术水平：世界上最好。他们有着共同的兴趣爱好和事业：花样滑冰，有着共同的奋斗目标：世界冠军。他们每一个参赛项目，都是要双人配合表演一套完整的舞蹈，而一套舞蹈是由许多有连贯性的动作组成的，每个动作完成就需要一种表演方法，而每一个舞蹈都会有许多种不同的表演方法，他们就是要找到一种世界上最好的表演方法，可以让评委和观众达到赏心悦目、惊喜异常、流连忘返的效果，并且公认为世界第一。这种世界上最好的表演方法，肯定也是为了完成世界上最难的表演动作，也是其他人表演不出来的，只有他们才能达到最高的水平，否则他们也拿不到世界冠军。为了要把这种世界上最难的动作表演好，他们长年累月每天都在一起刻苦地训练，相互配合的每一个动作都是成千上万次的反复练习，一次次失败摔倒，一次次爬起再来，他们共同研究、共同探讨、共同提高。特别是他们在表演时必需高度协调，配合默契，心领神会，哪怕一点点小的误差都会导致失败。他们的要求是每一个动作都必须优美到极致，达到世界最高水平，因为他们的目标就是要夺得世界冠军。也就是说，他们是用了许许多多的最好的训练方法才拿到了世界冠军，他们长时间在一起磨炼建立了感情，产生了爱情，最后成了志同道合型的恩爱夫妻。

还有不少共同创业的夫妻，他们有的由当初的夫妻小店，办成了大商场，甚至是全国连锁大公司；有的是由当初的夫妻小作坊，逐步发展成了大型工厂，甚至走出国门，到世界各地开办分厂，成了大型集团公司。他们有着共同的兴趣爱好，从事着共同的事业，有着共同的目标。他们长期生活在一起、工作在一起、奋斗在一起，他们相互沟通、相互配合、相互帮助。男的为董事长，女的则为总经理，或者反之相互配合。他们通过长期的共同努力，把事业做大做强，公司企业规模也就越做越大，钱也就越赚越多，当然他们的生活水平也就越来越高。不管做什么事情，都相互沟通商量好，大部分的时候都会采取最好的有效方法去做，所以才会取得比较大的成功。也因此，他们既有共同爱好的事业，也有共同幸福的家。对于烦琐的家务事，谁有空谁就做，或者索性花钱请保姆，问题都能得到解决。这样的夫妻，就是共同奋斗的完美夫妻。

第二种：取长补短互补型。

中国有许多的家庭采用的是男主外、女主内的方法，但也有少数的家庭采用的是女主外男主内的方法。所谓男主外，就是男的事业心强，工作能力也强，喜欢在外面抛头露面去干一些大事情，去赚钱养家糊口。而女主内，恰巧相反，女的不愿意在外面抛头露面，而愿意在家洗衣做饭、打扫卫生、带小孩，干一些家务事。男的一般身材高大，性格强悍，也适合于做外面的事情，以赚钱养家为主，家务事为辅；而女的一般身材比较娇小一些，性格也比较温和一些，加上要生小孩、带小孩，家务事多，也适合以家庭为主，工作事业为辅。这样也很好发挥各自的特长，努力做好自己的事情。他们既有分工，又相互配合，相互支持。男的在外努力把事业做强做大，赚更多的钱回来，确保家庭的生活来源，不为柴米油盐而发愁，让家庭生活富裕。女的则勤勤恳恳做好家务，带好小孩，让家庭温暖，让全家人生活在幸福美满之中，使整个家庭充满了爱。

虽然他们没有共同爱好的事业，但他们有共同幸福的家庭和生活目标。不管是男主外女主内，还是女主外男主内，都是一种相互配合搞好家庭夫妻相处的好方法。

除了赚钱与家务的互补外，还有脾气性格等各方面的互补。有的是男的脾气暴躁，而女的性格温和，虽然男的大发脾气，而女的也只是微微一笑，男的脾气也就发不下去了。有的是女的比较啰唆，而男的比较沉默寡言，男的不说话，女的说得再多也就没有意思了。有的是女的容易跟公公婆婆吵起来，男的出面调和一下，也就没事了。这种互补也是夫妻相处的一种好方法。

有一个电影演员，他是一个话痨，喜欢一天到晚不停地跟别人说话。但他偏偏找了一个最不喜欢说话的老婆。他工作很忙，每天不停地拍电影、搞表演、说台词。回到家里以后，老婆已经做好了一桌子香喷喷的饭菜等他了，在外忙了一天的他，肚子早已饿得咕咕叫了，这时候能吃到这么好的饭菜，确实感到很幸福。但遗憾的是，跟他说话的人没有了，因为他爱人不喜欢说话，也不愿意跟他说话，找不到说话的人，他也就说不了话了。但话又说回来，他的嘴巴正好可以休息一下，否则，他一天到晚不停地说也会累。他老婆只是按时做饭给他吃，做好其他的家务事，却不跟他说话，这也是一种互补配合的好方法。这位演员自己介绍说，他跟爱人在一起生活已几十年了，互相习惯了，也一直觉得很幸福。

采用这种取长补短、互补相处之道的夫妻，虽然他们没有共同爱好的事业，但他们却有着共同幸福的家庭，这种家庭在社会上也很多。

第三种：相互迁就凑合型

有的夫妻，相互之间的脾气性格不是很合得来，也没有共同的事业和爱好，相爱也不是很深，经常之间还有些吵吵闹闹。但为了继续过日子，还是共同生活在一起。往往是吵闹过后，冷静几天，或是男的主动认错，或是女的主动认错，对方原谅了，又和好如初，继续过日子了，以后还会吵，又重复着这一过程。

俗话说：夫妻吵架，是床头吵床尾和，夫妻没有隔夜仇，前一天吵，第二天就好了。因为男女双方都还在乎对方，想拥有一个完整的家庭，为子女幸福着想，互相体谅，换位思考，也会很快原谅对方，和好如初，照样过夫妻生活。所以说，凑合着过日子，也是夫妻相处的一种方法，这种凑合型的家庭也能维持下去。

更多的夫妻是为了让孩子有一个完整的家，为了孩子他们可以牺牲自己的幸福，同时也是为了双方的父母不受拖累，凑合着过。他们没有共同的事业，没有共同的兴趣爱好，他们各自做着各自的事情，不过也都是为着家庭的生存而各自忙碌着。这种用凑合的方法相处的夫妻家庭，社会上数量也不少，不过这种凑合型家庭，有的相处要好些，有的要差些，好的幸福度还是比较高的，而差的日子就不是很好过了。应当及时调整，互相改进。

第四种：互不相让吵闹分裂型

夫妻两人性格完全不合，都是性格强硬，脾气暴躁，吵闹不休，谁也不让谁，哪怕为点小事也可以吵闹几天。他们与对方相处的方法，就是以吵闹为主，通过吵闹的方法来压制对方，强迫对方，甚至不惜大打出手，以武力的方法来强迫对方服从自己。只有吵赢了对方，闹赢了对方，打赢了对方，自己的心里才会觉得舒服。如果双方都强势，谁也不让谁，就会三天两头吵吵闹闹，甚至大打出手，大搞家暴，这种夫妻生活肯定是非常痛苦的。他们不懂得一个基本道理：打别人等于打自己，骂别人等于骂自己，因为你打别人一拳头，别人也要打你一拳头，你骂别人一句，别人也要骂你一句。如果一方强势，一方软弱，强势一方老是欺负软弱一方，不是打就是骂，强势一方虽然打赢了对方，骂赢了对方，但他也是处于生气的状态下，生气的人有幸福感吗？没有，他打了对方，骂了对方，对方会给好脸色看吗？不会，对方会给他温暖吗，不会，所以他自己也得不到幸福。而被打一方，身体上受到伤害，精神上更是痛苦，幸福感从何而来呢？

有的人心胸狭窄，好计较；有的人喜欢搞小动作，陷害对方，用这种互相猜忌和计较的方法相处的夫妻怎么可以搞好关系呢？

有的人喜欢搞婚外恋，通过在外面养情人、包小三的方法来寻求刺激和自身快乐，这样的夫妻更是很难搞好关系的。他们赚的钱花在第三者身上，而用来养家糊口的少，回家也少了，给原生家庭带来了伤害，这种家庭是很不幸的，毫无温暖的。

6.找到真正的爱情，让家庭更幸福

爱情是家庭幸福的基础，有了爱情，家庭才会幸福。男的爱女的，女的也爱男的，双方都深爱着对方，这样的家庭才是最幸福的。

男的爱女的，但女的不爱男的，男的就用实际行动不断地去关心、体贴、帮助，用这些温暖人心的好方法去打动女人心。女方对男的所付出的真心实意，肯定也会有所感动，日久生情，女方最终也会爱上男的，这样的家庭也会幸福。

反过来是，女的爱男的，而男的不爱女的，女的也是用实际行动去关心男人，帮助温暖男人，以一些体贴办法去打动他，男方对女方真心实意的行为也会有所感动，日久生情，也会爱上女方，同样，家庭也会幸福。

世界上每一个人都希望自己能找到一个好对象，父母也希望他们找一个好对象，亲戚朋友也祝福自己能找一个好对象。但世界上什么人都有，有好的，也有一般的；有差的，还有更坏的。有事业上辉煌成功的，有钱有权有势有地位，有高技术水平的；也有事业上不成功屡屡失败的，无钱无权无势无地位，无一技之长的；有贫困潦倒、缺衣少食、居无定所，甚至流浪要饭的；有偷蒙拐骗、喜欢打架斗殴，甚至犯罪坐牢的。所有人都是要找对象的，所以每个人要睁大眼睛，不可能人人都会找到好的对象，但只要有正确的恋爱观婚姻观，好人必然会有好姻缘。

要想家庭幸福，找对人谈好恋爱是个关键。谈恋爱也有多种方式方法，有的是双方一见钟情，一见面就喜欢上了对方，爱上了对方，心脏就咚咚跳，恨不得马上结婚。有的是双方长时间在一起工作学习或相处，慢慢地建立了感情，爱上了对方，最后结了婚的。有的是一方首先爱上了对方，而对方并不是很愿意，在这方真诚实意和强烈的追求下，对方被感动，改变了自己的看法，也接受了，喜欢上了，同意结婚了。也有的是通过别人介绍的，双方都不是很了解，感情也不是很深，因生活和生理需要，就匆匆忙忙结了婚的。有的婚后感情加深了的，幸福美满；而有的则感情破裂了，分手离婚，充满痛苦。

找不同的人结婚，组建家庭的方式方法不同，也看缘分和运气。找的人好，就会幸福一辈子，找的人不好，就会痛苦一辈子。

所谓人好，笔者认为主要体现在下列几个方面：

一是长相。相亲的时候，一般都会采用一些方法去进行挑选，总想能找到自己的意中人。初次见面，首先看的就是长相。如果男的长得帅，女的长得漂亮，就会很容易喜欢上对方，心里就会感到高兴、喜悦、兴奋，就会有一种幸福感。如果看见对方长得十分难看，而且还有缺陷，心里就会不舒服，就会难过，会失去兴趣，哪怕结了婚，心里不痛快，婚姻也难以幸福。而这方面，一般男的要求要高些。当然，也有一些在一起工作、学习、生活，长期相处，产生了感情和爱情，不在乎对方的缺点和缺陷，已经适应了，也愿意跟对方结婚在一起的。因为一个再漂亮的人，看久了也会觉得平淡无奇，这是人的视觉疲劳。一个人很丑，看久了也习惯了，不会讨厌，这是人的适应性。

二是能力和水平，也就是本事。一个人很能干，有本事，不管做什么事情，都会有办法想方设法去做，必然能取得满意的效果。这个人在家里边能协调各种关系，处理好种矛盾，给全家人带来温暖，使全家人团结、和谐、温馨和幸福。在外面，他事业心强，能奋斗拼搏，努力寻找各种机会开创自己的事业，并想方设法把事业做强做大，达到有钱有权有势有地位有名望有水平有技能的地步。当然最关键的是能把钱拿回家里来，让全家人吃得好、穿得好、住得好，过上富裕幸福的生活。

能找上一个有能力、水平高，能给家里带来富裕幸福生活的爱人，谁心里都会感到自豪、高兴和幸福。而这方面，女的要求似乎要高些。有一句俗话说："要男才女貌"，意思就是说，男的喜欢女的有貌，而女的喜欢男的有才，也就是聪明能干有才华。当然也有不少是女的聪明能干，有能力，水平高，事业很成功，赚的钱很多，整个家庭是靠她来支撑的，男的只是做一些配合方面的工作。假如女的低调温和，而男的也配合默契，这样的夫妻和家庭生活也是幸福的。

三是思想道德要好。找对象，一定要找思想道德好的。这才是最主要的一点，思想道德好的，他的各种做法都会很好，对内会尊重老人，爱护小孩，恩爱夫妻，照顾家庭，会赚钱回家。对外，会尊重上级、关心同事、团结所有人，甚至可以大公无私、舍己为人，哪怕不认识的人，也可以热心相助。为工作，勤奋耐劳，任劳任怨，事业心强。肯学习、肯钻研、肯动脑

筋，肯拼搏，不断地把事业做强做大。遵纪守法，是个好公民。

如果思想品德败坏，他会采取一些只对自己有利而不顾别人甚至对别人有害的行为方法去对待社会，为人处事。对内，会对亲人不关心，对家庭不负责任。在外面会拈花惹草，还会赌博、打架、斗殴甚至贪污、受贿，违法乱纪，干尽坏事，给对方带来伤害，导致夫妻关系不和、家庭破裂。所以一定要找个思想道德好的对象。

四是家庭观念要强。找对象一定要找家庭观念强的。家庭观念强的人，他的各种做法都会是以家庭为中心，心中装着家庭、时刻想着家庭，能够为家庭操劳出力，对老人能尊重照顾，对孩子能关心教导，对夫妻能够恩爱陪伴，关心照顾家庭的每一个人，让全家人都感到温暖幸福。还要能赚钱回家，让全家人过上富裕生活。如果没有家庭观念，会在外面胡作非为，花天酒地不回家，这种家庭也是难以幸福的。

现在有极少数年轻人，对待婚姻观点不对，所采用的方法不好，有的是不谈恋爱不结婚，有的是光谈恋爱不结婚，还有的是结了婚也不生小孩。不谈恋爱不结婚，肯定享受不到婚姻的幸福、家庭的温暖。虽然说人人自由，但是结了婚不生小孩也就违背了人类的生存规律，没有小孩，不繁殖后代，人类怎样繁衍生息？

不要小孩的一部分人，家庭观念不太强，只要自己自由、舒服、轻松，生怕小孩给他带来不自由、麻烦、劳累和痛苦。当然，也有相当多的一部分人是由于生存压力、竞争压力、经济压力等各种压力很大，而不敢生小孩的。有的可能是工作太忙，没有时间管小孩，怕影响工作、怕丢掉工作，更怕丢掉好工作；有的可能是担心经济压力大，一个小孩的抚养成本很高，吃的、穿的、玩的、学习等各种费用，如果没有老人带，还有请保姆的费用，各项开支都很大，而自己的收入比较低，怕承担不起。

实际上，有小孩的家庭才是完整的、完美的。小孩会给我们带来快乐、带来幸福、带来希望。如果只有两个人，刚开始有新鲜感、甜蜜话也多、有幸福感觉，但时间长了，新鲜感没有了，无话可说了，两个人就觉得沉闷，吵架也会多起来了。有了小孩就不一样了，小孩在快速长大，小孩的天真烂漫，会给我们带来很多的惊喜、快乐，让我们能享受到真正的天伦之乐。夫妻双方的注意力都集中到小孩身上去了，夫妻之间关系也会更稳固了，感情更深了。而且小孩会给我们带来希望，可以做到老有所依、老有所靠。如果没有小孩，老了就会很孤单，病了没人照顾，连个养老送终的人都没有，肯定是非常凄惨的。

生了小孩，困难肯定是有不少，但现在年青，精力旺盛，什么方法都可以用，什么活都可以干，什么钱都可以赚，什么困难都可以克服，否则到了晚年，身老体衰，行动不便，有困难也克服不了，那才是真正的困难。

五是要找一个能够相互恩爱的人，这是夫妻相处的一种最好方法，因为有爱情的婚姻才是幸福的，而没有爱情的婚姻是不道德的，也是没有幸福可言的。如果双方都不相爱，甚至讨厌对方，是迫于外面的压力而结的婚，这对夫妻肯定很痛苦。如果一方单相思，喜欢对方，而对方不喜欢甚至讨厌自己，是苦于压力强迫跟自己结的婚，虽然自己的目的达到了，但对方很痛苦，这样的婚姻也是不幸福的。

六是要找一个脾气性格合得来的人，这同样是谈恋爱要坚持的一种好原则好方法。就是说要找一个有共同语言的人，可以无话不说，说的话、做的事都能合乎对方的心意，能够相互沟通协调、性格脾气合得来的人。哪怕无意中说错了话，做错了事，双方也会相互理解，不会揪着不放，说什么话、做什么事，都会想着对方，顾着对方，总之一句话，两个人就是喜欢在一起，形影不离，谁也离不开谁。这样的夫妻生活才是真正幸福的。

以上说的六条，都是属于最好的理想状态，但现实中是不可能百分之百实现的。因为金无赤金、人无完人。每个人都有自己的优点，也有自己的缺点。有的是优点多，缺点少；而有的是优点少，缺点多。有的是喜欢干大事情大事业，不拘小节。有的是喜欢斤斤计较，大事不干，小事吵闹不休。例如，有的女的长得确实很漂亮，但就是懒一点，不太愿干活。有的人长得不太好，但很勤快也很能干。有的人在外面干事业风风火火，但回家不愿干家务活，所有的事情都是让老公或老婆一个人干，累得要死。有的人外面赚不到钱，但干家务事很勤快。有的人对待爱人很好，而对待爱人的父母及家里人不好，等等。

这就要求双方能够用相互包容、相互迁就、相互体贴的好方法来对待对方。如果互不相让，吵闹不休，这个婚姻和家庭难以幸福。例如一个男人在外面干事业干得很辛苦，回家就想休息一下，不愿干家务事，那老婆就要理解一下，包容一下，体贴一下，主动多干一点家务事。通过这种方法，夫妻之间家庭生活就会充满温暖和幸福。

五十多年前，我亲眼看见一个情景，让我至今记忆犹新，那是一对夫妻带着两个小孩在一条城市街边要饭。男的双目失明，女的身体无缺陷，是个健康人。女的把要来的饭菜和食品，其中好的先给两个小孩吃，再给丈夫吃，最后剩下最差的才自己吃。路上的行人看见这种情况非常感动，纷纷掏钱送东西给他们，女的也非常诚挚地对大家表示感谢。他们虽然贫穷要饭，但那个女的在处理家庭关系方面，风格高、方法好，确实对家里人非常体贴，别看他们一家人在外流浪要饭，但还是温暖的、幸福的。

有的人住在茅草房的棚子里，虽然穷了点，但一家人相处得很好，大家都是相互关心、相互帮助、相互恩爱，茅草房里也会充满温暖和笑声。有的人住在豪华别墅里，虽然生活条件很好，但一家人相处的方法不好，互不相让，争吵不休，勾心斗角，甚至为了争夺家产大打出手，豪华别墅里也会充满了痛苦和争吵打骂声。

三、要用好方法教育后代让孩子成才有出息

小孩刚从娘肚子里生出来的时候，因为太小，除了会哭和要奶吃以外，是什么也不知道，什么也不懂，脑袋里的知识等于零的。这个全新的小婴儿，需要父母的抚养才能长大。

父母是小孩的第一个老师。小孩不会说话，父母要教他说话；小孩不会走路，父母要教他走路；小孩什么道理也不懂，父母要教他各种知识；小孩

什么也不会做，父母要教他学会生活自理。

小孩学说话，是父母让他从叫"妈妈""爸爸"起，一个音节一个音节地教他，让他慢慢学会能用语言表达自己的想法和要求，描述出周围的事物和情况，能跟父母及其他人进行交流和沟通，从而学会建立人与人之间的关系。

小孩学走路，也是由父母从抱着走到扶着走、牵着走、跟着走，慢慢学会的。随着小孩的不断长大，行动能力不断增强，父母要不断地教他学会自己吃饭、自己穿衣，去做一些自己力所能及的事情，学会自己的事情自己做，并帮家里做一些家务事。

如何教给他各种知识，这些知识就是包括对物质世界的认知，和以后能独立生存生活下去所需的各种方法。父母教给他的各种知识还远远不够，小孩满6岁以后，就要进入学校读书了。

笔者认为，小孩的培养，主要有三方面，一是文化知识和专业技能的培养，二是道德修养的培养，三是日常生活生存能力的培养。要培养好小孩，也需要采用各种好方法。

1.文化知识和专业技能的培养

人类经历了数万年的进化，有文字的社会也有五千多年。特别是现代社会，各种文化知识十分丰富，各种高科技技术更是迅猛发展，各种智能化设备普遍应用于人类的生活和工作之中，而人们必须要有很高的文化水平和专业技能，才能掌握这些设备，否则难以在现代社会中适应和生存下去，所以必须加以学习和培养。

为了培养孩子，人们想出了建立专门的学校，由专业的老师来教的好方法。最早的学校叫私塾。当老师也就成了一种职业，也是一种谋生的方法。后来，社会大发展，私塾简单落后，满足不了太多孩子们的学习需要，开始采用了由社会贤达和政府投资开办小学、初中、高中、大学以及各种职业技术学校培养小孩的教育方法，并且由最好的教学专家汇编了从小学、初中、高中到大学、由浅至深的各类知识较为系统而又全面的各种教科书。小学、中学主要是文化基础课，到了大学以后基本上是专业技术课和哲学理论。政府聘请了由各类师范学校或其他各种高等院校培养的专业老师来进行教育，还会聘请一些社会上出类拔萃的高级专业技术人才来学校担任老师。其中小学6年、初中3年、高中3年、大学4年，完成大学学业，要花16年时间，加上硕士和博士研究生各3年，需要长达22年的时间在学校学习，学完规定的全套课程，经考试合格后，才能拿到毕业证书。毕业后，才能进入单位工作，自食其力，赚钱养家养自己。

（1）要有好老师用好方法去教学生

一样的教材，一样的年级和班级，一样是师范大学毕业的老师，上一样的课，一样的考试题目，但各个班考出来的成绩不一样，有的班大部分学生的成绩好，而有的班大部分学生的成绩要差一点。什么原因呢？主要是教各个班的老师不一样，而各个老师教学的方法也不一样，所以导致各个班的成绩不一样。我初中有个老师，早期在军队当过旅长，后来年纪大了来我们学校当老师，教地理和英语。他讲匈牙利的首都"布达佩斯"时，说这个名字好玩，不打你，你还要背时，"不打背时"是"布达佩斯"的谐音，"背时"这两个字在当地是"倒霉"的意思，学生们听了都哈哈大笑。下课后学生们都笑着你打我我打你，说不打你要背时的，给学生们留下了深刻的印象，大概一辈子也不会忘记匈牙利的首都是布达佩斯了。他讲课确实很风趣，各种各样教学的好方法很多，大家都喜欢听他的课，效果特别好。连我们上劳动课，他指导我们种的冬瓜，由于采用的松土、培土、播种、施肥、搭架等各种方法都特别好，结果我们收获的冬瓜是全校最多的、最大的，最大的冬瓜都有上百斤。

早在1975年，停课多年的业余大学开学了，我晚上去听课。路过另外一个教室时，听见里面的老师只用几句话，就把一个我以前觉得高深难懂的大学物理原理讲得明明白白，很生动，当时我震惊了，觉得他的表达能力和表达方法确实非常好。我当时就决定要去听他的课了。他说国外的一所大学邀请他去讲学，我只听了一个学期，他就走了。当时要出国是非常困难的，但他还是去成了，不知道他后来回国了没有。

可见老师的讲课方法非常重要，方法好，学生很容易听懂，记得也牢，学习效果就好。

老师每讲一堂课，怎样讲，才能让学生兴趣高，听得懂，学得会，也是要有方法的。方法好，效果就好。方法不好，学生听不懂，兴趣不高，效果就差。老师布置作业，怎样布置，布置些什么作业，也是有方法的。方法好，布置的作业好，学生通过做作业，就能加深理解熟练掌握老师所讲的知识；方法不好，布置的作业不好，学生会产生厌烦情绪，对学生一点帮助都没有。

每个学生也都有自己的学习方法，有的学生做到了上课前预习，上课时认真听讲，下课后认真做作业，所学内容反复练习，这种学习方法最有效。

同一个教室，同一样的教材，同一个老师讲课，但学生有的考试成绩好，有的考试成绩差，这就是学生的问题了。一方面是各个学生的素质不一样，二是各个学生的学习方法不一样，所以导致各个学生的考试成绩不一样。有的学生理解能力强、记忆能力强，老师只说一遍就理解了，记牢了。而有的学生要听几遍，才能听得懂、记得住。有的学生学习认真，有的学习不认真。有的上课认真听讲，有的上课不认真听讲，思想上老是开小差，找同学说话。有的上课认真听讲，下课认真做作业，记得很牢，运用得很熟练巧妙，他的考试成绩肯定很好。而有的上课有些地方还没有完全懂，但下课以后会找老师、同学或家长问明白，弄懂了，并认真做好作业，这些学生的考试成绩也不会差。有些学生上课不认真听讲，下课又不认真做作业，不会做，甚至做错了也不管，这些学生的考试成绩肯定是差的。

对于教材书本上的知识，有的学生全部弄懂、学会、掌握了，有的是大部分弄懂、学会、掌握了，而有的只是少部分学会了，差别比较大。对于好的优秀的学生，要进行表扬和鼓励；对于比较差的学生，也要用好方法不断去进行批评、激励和帮助，这是老师和家长应尽的责任。

有的学生天赋虽然差一点，但只要老师和家长多一些辅导和帮助，努力提高他的学习信心，学生自己也要多付出一点努力，他的学习成绩也是会上去的，俗话说"勤能补拙"。有的学生天赋比较好，但就是懒惰，不肯做作业和复习，导致成绩差，对这种学生就是要进行批评和严格监督，让他及时完成作业，并定时进行复习。对于那些天赋还好，但就是调皮捣蛋，上课不听讲、下课不做作业，导致学习成绩很差的学生，要严格进行管教，帮助他们改正不良习惯，建立良好的学习习惯，寻找和使用好的学习方法，促使他努力提高学习成绩。实际上好的习惯也是好的方法，你只要按照这些好方法去做，就可以进步，就可以成才。

物理和化学等课程，光老师讲，学生听，也是不够的，必须要做实验，特别是进入大学以后，学的基本上都是专业课，更需要做实验，才能学会和掌握得了，不通过学生自己做实验的方法，是学不会也掌握不了的。

在学校建立的各种实验室里，在老师的指导下，让学生自己动手去做各种各样的实验，这种方法确实很好，可以让学生更深入地了解各种物理化学的知识和原理，熟练掌握各种物理化学的运用方法，并应用于今后的工作中，确实很有帮助。

（2）帮助学生建立认真听课的好习惯

要用各种好方法帮助学生摒除各种有碍学习的闲思杂念，集中全部精力，认真听老师讲课，而且要养成习惯。老师上课时，就要注意学生听课的情况，发现有注意力不集中、不认真听讲的学生，就要进行批评教育。特别是对于那些一贯调皮捣蛋的，当场就要进行严肃的批评教育，限其改正。对那些偶尔犯错、自尊心又强的，老师可以在下课以后，个别找其谈话，督促其改正，并要其养成习惯。凡屡教不改的，老师要通知家长，让家长配合对学生的教育，督促其改正。凡学习成绩好的，上课都是认真听讲的学生，要进行表扬和鼓励。

还有的学生在老师上课前，提前把老师要讲的内容先看一遍，把没有看懂的问题整理出来，带着这些问题再去听老师讲课，这样更容易听懂老师讲的课，理解得更透彻，可起到事半功倍的好效果。我所知道的有几个考上清华北大的学生就是这样做的，他们还会挤出时间去打篮球、乒乓球，进行跑步等运动，锻炼自己的身体。身体好，精力旺盛，学习的劲头就更大了。

（3）帮助学生养成按时完成作业的好习惯

老师讲完课以后，会根据当天所学的内容布置一些作业，让学生去做。可以通过做作业的方法，加深学生对上课所学知识的理解和记忆，并能熟练掌握、巧妙运用，也可以帮助老师掌握学生的学习情况。

如语文老师，会布置一些写字、造句等作业，让学生去做。还会布置一些作文题目，让学生去写作文。各种类型的作文要写得很熟练，学会各种写作技巧，掌握各种知识，善于观察现实世界中的各种事物，以后的文章才会写得很好。

数学老师会布置一些数学题目，让学生自己做，让学生加深对各种数学理论的理解，熟悉各种数学公式的运用，通过这种方法提高他们的数学运算能力，对他们参加工作以后，运用各种数学知识去进行各种数据的计算，特别是在各种工程设计、科学技术研究中，加以应用，从小基础必须打好。

学生只有把这些作业做完了做对了，才能证明学生对今天所学的内容是确实听懂了，并学会运用了。俗话说："看十遍，不如做一遍。"看十遍，看似懂了，实际上不一定真懂，只有做一遍，做对了，才是真懂，而且印象深刻，不容易忘记。做作业确实是帮助学生弄懂老师所讲的知识并学会运用的必要方法。

那些上课认真听讲的人，他会掌握老师所讲的内容，知道作业怎样去做，完成作业的速度就会比较快，基本上都能做对，即使有错也是极少数。而那些上课不认真听讲的人，没有完全听懂老师所讲的内容，不会做的题目就多，做错的题目也多，不会做就会发呆，所花的时间也多。当然，肯定也会有很多学生，会回过头来反复看书，直到弄懂了再去做作业，而且把作业做好了做对了。

通过所做作业的对错，老师就可以看出学生哪些内容听懂了，哪些内容没听懂，老师就要有针对性地给学生加以辅导补课，帮助其弄懂，让其巩固所学的全部知识。大部分的作业是在家里完成的，所以家长也有责任辅导学生，帮助学生弄懂在课堂上没听懂的知识。学生自己也要主动跟家长沟通，那些地方听懂了，那些地方没听懂，寻求家长的帮助，认真把作业做好。当然作业还是要靠学生自己做，而不是家长代做，否则那是害了学生，因此学生还要养成学生自己认真做作业的好习惯。

学知识是有连贯性的，只有前面的知识学会了，后面的知识才能听得懂。如果前面的知识没有学会，后面的知识就很难听懂了，特别是数学课，在这方面要求比较高。所以上课没有听懂的知识，下课后一定要及时补课，把它弄懂学会，并做好作业，否则后面的课就听不懂跟不上了。

考试成绩好的学生，基本上都是那些作业做得多做得对的学生。各种知识点的作业他们都做，只有做过了作业，他们才会对这种知识学得好，记得牢，考起试来，也就得心应手，考试成绩也就会最好。我发现高考前，有些爱学习的学生，不但做自己学校布置的作业，还会找其他学校所出的题去做，更喜欢去找那些最好的重点学校出的习题集去做。他们是在亲朋好友间相互交换这些习题集的，这对于扩大知识面，提高他们的考试成绩，帮助他们考进重点大学确实很有帮助。

（4）要培养学生喜欢多动脑筋的好习惯

培养学生喜欢多动脑筋的好习惯，是一件非常重要的事情。只有多动脑筋，才能把学习搞好，把作业做好，才能考出好的成绩，才能不断取得进步。如果读书只会死记硬背，死啃书本，不肯动脑筋去想想其中的道理，找找其中的原因，分析分析来龙去脉，比较出其中的优缺点，学生是读不好书的，对书中的知识也是理解不透的。

当学生在读每一篇文章时，都要想一下，作者要写这文章的目的是什么，这篇文章的中心思想是什么，是用什么方法写的，特点是什么，哪些地方写得好，表达得清楚、准确、简练、精彩，哪些地方写得不太好，表达含糊不清、啰唆、词不达意，想想应该怎样改进，更要想想自己应该从文章中学到哪些有用的知识。有的同学看书时会非常认真，会动很多的脑筋，对重点的地方，会在下面用笔画出线条做出标记，对写得不好的地方，会提出修改意见，对见解不同的地方，还会写出自己的想法。

当学生在做每一道数学题时，都要动脑筋想一想，这道题有哪几种解法，哪种解法最好？现实中，这道数学题在哪些情况下可以适用，能解决些什么问题。

当学生在做每一种物理实验时，都要想一想，这种物理实验的组织结构是什么，运动原理是什么，会产生什么效果，在工业生产设备中，有些什么设备采用了这种原理，生产了一些什么产品为人所用。在做每一项化学实验时，也要想一想，做这项实验需要哪几种化学元素，每种元素有什么性质特点，混合后会发生什么化学反应，发生化学反应后，会产生什么结果和不好的后果，在现实生活中有哪些运用，会给人们带来哪些好处，也会带来哪些危害。

学生每做一次试验，每做一件事情，都要动脑筋多想想，了解事情的来龙去脉、结构原理、运用效果、优缺点，做到事前分析、事后总结，多问几个为什么。养成遇事多动脑筋多想想的好习惯，才能实验成功、事情做好。

有的学生喜欢动脑筋，凡事都会去认真想一想，而有的学生不愿意动脑筋，做事马虎了事。对遇事愿意多动脑筋的学生，要多用鼓励和表扬的好方法，促使其向更深层次更高水平方向发展。对那些不愿动脑筋的学生，老师和家长要严格要求，促使其遇事多动脑筋，也想方设法引导其知道怎样去动脑筋，养成遇事多动脑筋的好习惯。要学会在碰到问题时，总会多问几个为什么。我发现，对老师所讲的内容，同学之间相互进行提问，让对方去回答，这样印象更深、效果更好。提问的人可以打开书本，根据书本上的知识提问，而回答问题的人必须合上书本，凭自己的记忆和理解能力来回答问题。通过这种方法，既可以检验他的学习效果，又可以加深他的记忆。

（5）要培养学生多看书多学习的好习惯

在学校读书学的是最基本最基础的知识，光读这些书还不够，还必须扩充知识面，阅读一些课外书，增加自己的知识量。如在文化课方面，可以阅读中国历史上的一些名著和一些世界名著，在理工科方面，可以阅读一些科技方面的书籍，尽量做到有目标有方向地去阅读一些与自己需要相关的书籍。新华书店、图书馆以及家里各种各样的书非常之多，我们不能什么书都看，看不了那么多的书，也没有那么多的时间去看，只能有选择性地去看，选择那些跟自己需要相关的书去看，无关的书就不要去看了，因为学生的时间是非常宝贵的。高中以下的学生可以少看一点，到了大学以后就要多看很多书了。要学会善于利用时间、学会见缝插针，当然，关键是要养成喜欢读书的好习惯。

有的孩子喜欢读书，一有空就会读书，手不释卷，深迷其中，拼命地去吸取各种知识。有的孩子喜欢贪玩，一有空就会出去玩，对读书不感兴趣，看见书就会头大。对这类不爱看书的孩子，我们要及时进行教育，要为他们制订作息时间表。可以玩，但不能过分，不能玩过头，适当地玩可以，但一定要抽出一定的时间去看书，要建议和规定他们所要看的书，并检查他们看书的效果，如达不到效果，一定要督促他们改进，直到达到要求为止。要让他们养成读书的好习惯，而且是喜欢去读书，自觉地去读书。帮助学生建立起多动脑筋和爱读书的好习惯，通过这种方法，有利于吸收和巩固在校学到的各种知识，还可以扩大自己的知识面。

现在有不少的学生迷上了看智能手机。手机中什么信息和知识都有，但学生大部分喜欢的还是玩游戏和看动画片，而且很容易上瘾，一有空就玩，连睡觉都不要，深夜看到很晚，第二天上课都很疲倦，无精打采，老师讲的课都听不进去，严重地影响了学习。而且对眼睛不好，容易得近视眼。对这类孩子要严加管教，对于那些一点自控能力都没有的，平时学习期间不能让他们看手机，只有在节假日休息期间才能适当地看看手机。对那些有一定自控能力、也比较听话的孩子，可以适当放宽一点，在规定的作息时间内，可以适当地玩一玩，但主要还是要看一些有用的需要的知识。要鼓励差的学生向好的学生学习，例如，我一个弟弟的女儿就是一个很优秀的学生，她采用了很多学习上的好方法。她上课认真听讲，下课积极做作业，在校的成绩非常好，她也喜欢看课外书，当然也喜欢看电视节目，因为那时还没有智能手机，但她每天只看两个节目，一个是中央电视台的新闻联播，可以了解国内外大事，另一个是地方省台的双人说事，这个节目风趣幽默，生动活泼，常常会逗得人哈哈大笑，但含义深刻，让人受益匪浅。小孩很聪明、自律性强，各种习惯都很好。她高考成绩进入了全省的前四十几名，被北京大学录取。我妹妹的外孙也是很优秀，参加高考，是全县的文科状元，成绩也进入了全省前四十几名，但只差三分未被北京大学录取，而被中国人民大学录取，经过努力，还是考上了清华大学的研究生。

凡是成功人士，都有爱读书的好习惯，都喜欢用读书的方法来学习和积累知识。特别是那些水平很高的人、知识很丰富的人，可谓才高八斗，这些人更是有爱读书的好习惯，他们有很多的知识都是靠自己努力多读书的好方法学来的。因为人生下来，大脑是一片空白的，啥也没有，所有的知识只有从书本里面和别人那里才能学得来。而书是知识最集中、最丰富的地方。书是要水平很高、知识很丰富的人才能写得出来的，不是什么人都可以写成的。有的书是别人耗费了无数的心血，甚至是积累了一辈子几十年的经验和知识才写成的，而你只是花了几个月甚至只有几天的时间，就把一本书读完了、学会了。所以，通过读书来学习和积累知识是最好的方法，你可以在最短的时间时里学到最丰富的知识。因此，我们要让自己的孩子和学校里的学生一定要养成喜欢读书的好习惯。

有许许多多的作家，都是看了许许多多的书、积累了许许多多的知识，有了这些知识打基础，并深入实际积累经验，才能写出自己的新作品。有许许多多的科学家，读了许许多多的科技书籍，积累了许许多多的知识，有了这些基础，才能研究出自己的新技术、新产品、新成果。"书是人类进步的阶梯"，有的人宁愿饿肚子，也要省下钱去买自己喜欢的书。有的人不管走到哪里，也要把书带在身边，只要有空就会拿出来看。书读多了，人自然受益。

2.要加强对小孩道德修养的培养

小孩的道德修养的培养，也就是人品的培养，是极其重要的。如果一个小孩的道德修养不好，没有社会公德，在家里不听父母的话，在学校不听老师的话，在社会上不听大人的话，不尊重别人，损人利己，调皮捣蛋，什么坏事都会干，是没有人喜欢的，是会被别人嫌弃的，即使有再高的才学，再高的文凭，在社会上也是难以立足的。

有一位九十多岁的老奶奶，她有三套房子。她爱人和儿子均已去世，她就把三套房子都过户给了孙女，因为孙女也是她从小一手带大的，感情较深。

以前孙女经常来看望她，但参加工作和结婚后就来得很少了，特别是把房子全部过户给孙女后，就更难看到孙女了。后来她年纪越来越大，人越来越老，行动也越来越不方便了，她也越来越觉得孤单，越来越需要人来照顾了，而这时孙女却不来了，人也看不到了。她很伤心。

没有办法，她决定住进养老院去了，因为那里有人照顾。搬家孙女也没有来，她只有请人把东西搬过去了。

住进养老院后，发现退休金不够支付养老院的费用。三套房子已过户给孙女，产权已是孙女的了。她自己住的那套，虽然产权给了孙女，但在她过世之前，还是由她住，因为她也一直是住在这套房子里的。因此，她把这套房子租出去了，租金正好补贴养老院的费用。

孙女知道后，就找到了租房子的人，说房子现在是她的，别人无权出租，要他搬走。租房子的人说，合同也签了，房租费也付了，是不可能搬走了。孙女说，不搬走也可以，但租金要付给她。租户找了老奶奶，老奶奶不同意把房子租金给孙女，因为她也需要把这笔租金付给养老院。孙女生气了，把租户和老奶奶告上了法院。法院经过调查，了解了情况后，驳回了孙女的上诉。孙女再次向法院上诉，法院维持原判再次驳回了孙女的上诉。

后来奶奶实在生气了，也一纸上诉，要求夺回三套房子的产权，不再给孙女了。法院同意了奶奶的上诉，把三套房子的产权判回给了奶奶，又重办了房产证，产权仍归老奶奶所有。奶奶决定自己百年之后，把房子捐给社会福利院。

这个孙女由于她的过度自私、任性、没有人情味、没有感恩之心，又失去了三套房子。如果她改变与奶奶相处的方法，一套房子给奶奶住，另外两套房子租出去，所得租金给奶奶请一个保姆，帮助干一些家务活，陪奶奶说说话，照顾一下奶奶；她也可以经常回去看看奶奶，实在没有空，哪怕打几个电话回去问候一下，奶奶也不会感到孤单难过。奶奶高兴了，那三套房子自然就是孙女的了。

为什么这个孙女会出现那种过度的自私、任性、没有人情味、没有感恩之心的现象呢？主要原因，一是孙女天生的性格脾气所致，二是父母和奶奶的教育方法不对，从小就对其娇生惯养过度溺爱所造成。奶奶只是一味地为孙女付出，而没有教育孙女也要为奶奶付出、为别人付出、为社会付出，要有感恩之心，缺乏道德教育，养成了她只会索取、不肯付出的坏习惯。三是孙女品质不好，没有感恩之心，孙女看到奶奶九十多岁还活着，而且越来越麻烦了，非但不予以赡养照顾，没丝毫感恩之心，还失去耐心了。

也有非常孝顺的子女，这跟父母采用好方法教育得好有关系。有这么一对夫妻，生了一对儿女，大的是哥哥，小的是妹妹。丈夫去世早，儿女还未长大成人他就去世了，是妻子一个人含辛茹苦把他们带大的。妻子对子女的教育方法很好，管教又比较严，要求比较高，儿女也非常听话。他们学习用功，做事比较勤快，相互团结，尊重妈妈，从小就帮助妈妈做家务事。他们的学习成绩更是出色，大儿子考上了北京大学，小女儿也同时考上了北京邮电大学。儿子北京大学毕业后，考上了公费美国留学名额，博士后毕业回国在中国科学院工作，只要有空就会回来看他妈妈。女儿北京邮电大学毕业后，在电信部门工作。由于工作能力强，又肯吃苦，很快就被提升为中层干部。女儿买了房子，跟妈妈生活在一起，对妈妈非常孝顺，妈妈也帮她带孩子，一家人非常幸福。

对小孩的道德修养的培养，从小就要注重用好方法从点点滴滴做起，不断进行培养修正，想方设法要让他们养成良好的思想行为习惯，否则，从小就养成恶习的话，长大就难以纠正了。

（1）要培养小孩有爱心

对小孩道德修养的培养，最关键的一点，首先就是要培养他的爱心，让他懂得爱国、爱党、爱人民，不管在任何场合，都要懂礼貌有爱心。在学校爱老师、爱同学，在家爱父母、爱家人、尊敬老人，对人友好，团结别人，愿意关心人、帮助人。从小就要树立为人民服务的好思想。

（2）要培养小孩遵纪守法

小孩从小就要养成遵纪守法的好习惯。要有法律意识，知道哪些事能做，哪些事不能做，不做违法乱纪的事情。不能目无国法、目中无人，不能无中生有、欺凌霸蛮，不能偷蒙拐骗，坑人害人。要让孩子记住那句古训："勿以恶小而为之，勿以善小而不为。"

在学校，要认真遵守学校的规章制度，不迟到，不早退，不无故旷课；在家里，听父母大人的话，遵守作息时间，按时睡觉、按时起床、按时吃饭、按时做作业，自己的事情自己做，不依赖父母。在公共场合，不大声喧哗，不无故吵闹，遵守规定，礼让优先，尊老爱幼，懂礼貌，不管在任何场合，都要遵章守纪，维护公共秩序，做一个遵纪守法的好公民。

教育小孩也是要讲究方法的，方法好，小孩会听大人的话，会变好；方法不好，小孩不听话，还会产生逆反心理，朝坏的方向发展。小孩没有自我控制能力，特别是男孩调皮捣蛋的多、打架闹事的多。

譬如有一个小男孩在外面跟别的一个男同学打了架，回来跟父亲告状。不同的家长处理问题的方法是不一样的。有的家长处理这个问题的方法是，首先向小孩打听清楚，为什么事情吵架，谁有理，谁先动的手，双方受伤的情况怎样。如果自己的小孩没有理，而且先动的手，他会先批评自己的小孩，教育自己的小孩，让小孩意识到自己错了，保证以后不再打架了，并主动向对方赔礼道歉，愿意以后还会成为好朋友。如果是对方的小孩错了，也是对方先动的手，同样，这位父亲也是先教育自己的小孩，要自己的小孩团结同学，跟大家友好相处，不要打架闹事。他还会跟老师通报打架的具体真实情况，对方小孩的事情让老师与对方家长去协商处理，而不是去盲目指责对方。这样的方式方法是正确合理的。

现在的独生子女很多，容易娇生惯养，哪怕小孩无理取闹，父母特别是爷爷奶奶也是纵容的多。有时是自己的小孩无理，先动手打了别的小孩，他也是包庇自己的小孩，心疼自己的小孩，生怕自己的小孩吃亏，不管青红皂白，不管具体情况如何，就不管不顾地指责和批评别的小孩。这种教育小孩的方法很不好，既破坏了社会风气，也害了自己的小孩，从小没有养成良好的道德习惯，长大了在社会上生存是会遇到很多困难的。

（3）要培养小孩有奉献精神

还要培养小孩有为党为国为人民勇于奉献的精神。乐善好施，甘于奉献。在他人需要的关键时刻，能挺身而出。能像史册上的英雄们那样，看见人落水，如果你会水，就毫不犹豫跳下去救人，如果不会水赶紧想方设法为其呼救。能像董存瑞那样，为了祖国和人民的解放事业，敢于举起炸药包。能像雷锋同志那样，树立全心全意为人民服务的思想，始终坚持为人民做好事。能像钱学森、钱三强、朱光亚、袁隆平等人那样，为中国的科学事业作出贡献，做一个值得人民尊敬的人。

3.要培养小孩适应社会和独立生存的能力

（1）要培养小孩的独立生活能力

孩子还小的时候，他的生活都是由父母或爷爷奶奶、外公外婆来照料。当小孩逐渐长大，行动能力逐渐增强的时候，很多事情就要慢慢交给小孩自己来做，要舍得放手，用这种方法不断培养小孩的自我生存能力。譬如，饭让他自己吃，衣服袜子鞋子让他自己穿，被子让他自己叠，学校近的话学会让他自己走路去。并逐渐让他学会自己洗澡、洗衣服、洗碗、打扫卫生、炒菜做饭，学会家务事自己做，想方设法提高他的自我生存能力。至于炒菜做饭用什么方法，是炒是蒸还是煮，可以适当地教教他，但更多的是由他自己去动脑筋，找到办法去把事情做好。

自从实行计划生育以后，两夫妻只有一个小孩，这个小孩就成了宝贝，看得特别重，什么家务事也不让他干，生怕累坏了，都是父母或爷爷奶奶、外公外婆全部包办了。小孩都长得很大了，还什么事都不会干，过着衣来伸手、饭来张口的寄生生活，完全丧失了自我生存的能力，表面上是关心，实则上是害了孩子，因为养成了小孩懒惰的坏习惯。这次新冠病毒疫情突发期间，有些在外打工的年轻人被居家隔离，社区志愿者把大米蔬菜都送进了家门，听说有人仍然没有饭吃，还要问邻居乞讨饭吃，因为他们从来都没有炒过菜做过饭，不知道怎样做，闹了不少笑话，暴露了独生子女一代令人堪忧的普遍现状。

（2）要培养小孩肯吃苦的精神

我们不但要培养小孩学会自己的事情自己做，努力提高自己的生存能力，还要培养小孩吃苦耐劳的精神。

俗话说，吃得苦中苦，方为人上人。所谓苦中苦，就是所有苦里面最苦的苦，所谓人上人，就是能做到比其他人更好的人。这种人或是地位高，或是有钱，或是有权威，或是文化技术水平高的人；或是贡献大，或是受人尊敬的人，应该是属于有出息的一类人，等等。换句话说，你只有吃得了最苦的苦，才能成为最成功的人。当然还要采用好的方式方法，你采用的方法不好，就是吃再多的苦也不能成功，相反还会白白浪费宝贵的时间和精力。但话又要说回来，人首先要有吃苦精神，没有吃苦精神，什么事也不去干，什么事也干不了，那肯定也成不了人上人。

我们要采用对小孩进行正面教育的方法，从小培养他做事要有耐心、有毅力，不怕苦、肯吃苦的精神，凡事不能虎头蛇尾，做什么事一遇到困难就放弃，而是要肯吃苦，不放弃，要敢于坚持到底，不成功誓不罢休，要不断地总结失败的经验，不断地寻找好的方法，直到把事情做完做成功为止。要有愚公移山的精神，不管再大再难的事情，都要勇于克服各种困难，把事情办好，取得成功，达到最终目标。要有老红军在二万五千里长征时爬雪山过草地的吃苦精神，他们吃野草充饥、喝雪水解渴，爬雪山随时都有掉下山崖的危险，过草地随时都有陷进泥潭的危险，饥饿、寒冷、危险，夺去不少红军战士的生命。但我们的红军战士还是不怕苦、不怕累、不怕牺牲，吃下了这苦中苦，胜利地到达了陕北，日后才有中国革命的伟大胜利，才有中华人民共和国的建立。

历史上，凡是那些成功人士，没有一个不是吃得了苦中苦的，也正是因为吃了这苦中苦，才取得了成功。有一个非常著名的青年钢琴演奏家，从小就喜欢摸钢琴，他父亲发现他有这方面的爱好和才华，从三岁开始便让他学钢琴。高中毕业便考入了国外的一所著名音乐学院，年纪轻轻便拿到了多项顶级国际比赛的金奖，成了世界顶级的钢琴演奏家。他能够成功，也是吃了无数的"苦中苦"，他甚至把自己比作了肯吃苦的狼人，有一个对他严格管教的虎爸，他每天练琴要长达10个小时，一个小孩坐在钢琴边，十个手指头要不停地练10个小时，确实很累，也真是有点苦不堪言。但他吃下了这个苦，坚持下来了。因为他有坚强的毅力，吃得了"苦中苦"，最后成了"人上人"，优秀的钢琴家。

四、要用好方法保养确保家人身体健康

1.迈开腿管好嘴，提高全家人的身体体质和免疫力

大多数医学专家经常说的一句话就是：人，要想身体好，就要迈开腿、管好嘴。"迈开腿、管好嘴"，这是提高人身体体质和免疫力最好的方法。所谓迈开腿，就是要去走路，去跑步，去打球，去游泳，总之一句话，就是要去开展体育锻炼。不能一天到晚坐在沙发上看电视，看手机，一动不动，只有加强了体育锻炼，人身体的体质和免疫力才会增强，有了较强的体质和免疫力，就不容易得病了，身体自然就好了。

小孩要上课，大人要上班，比较忙，老年人衰老又不能过度锻炼，所以要制订好全家人体育锻炼的计划，把时间、项目、运动量规划好。小孩上课可以走路去，这也一种体育锻炼，课间休息可以去跑跑步、打打球。晚上和星期天也可适当安排一些体育运动，如跳绳跑步打球等，但晚上要安排少一点，星期天可以多一点，晚上还要看书做作业，还要早点睡觉，因为第二天还要上课。上班的人，一般可安排晚饭后一小时去散散步，星期天可以去跑

步、打球、游泳等进行一些体育活动。老年人应该在每天早饭一二个小时或中饭二三个小时后出去散散步，打打太极拳、跳跳广场舞、晚上可以在家里绕圈走，能不能出去散步，也要视身体状况来作决定。

管好嘴，就是不要乱吃东西。俗话说，病从口入、祸从口出。很多病都是吃出来的。一是烟酒过多，二是油炸脂肪类过多，三是甜品糖类食品过多，四是所吃饭菜中没有清洗干净的农药残留物过多，等等。所以，我们所吃的食物，一是要清洗干净，可以用清水洗、热水洗、盐水洗、水浸泡、焯水等各种方法洗，不同的菜要用不同的方法去洗；二是要荤素搭配，有的人只喜欢吃肉类食品，有的人只喜欢吃蔬菜，人不但需要肉类食品中的营养，也需要蔬菜食品中的营养，缺少都是不可以的；三是品种多一点，人身体需要的营养物质很多，有脂肪、蛋白质、碳水化合物，还有许多各种各样的维生素和矿物质，没有单靠吃哪一种食品就满足得了我们身体需要的，要同时吃多种食品才能满足得了我们的需要，而且每种元素需要的量是有一定比例的，多了少了都不行；四是只吃七八分饱，吃得太饱，肠胃消化不好，也容易得病。

现代人的成活率高，寿命也长了，中国人的平均寿命已达78岁多了。主要是现代人的生活条件好了，吃的方法更多更好了。首先是知道了人体每天需要哪些营养素，知道人体每天需要补充蛋白质、脂肪、碳水化合物、维生素、矿物质、纤维素和水等七大类近50种营养素。这50种营养素有一部分是自己身体可以合成的，有一部分是自己的身体不能合成的，必须用嘴巴吃进去才能补充的。这些营养素对人体生存需要是缺一不可的，它们的基本功能是：供给热能、进行机体代谢、促进机体生长和修补人体细胞组织等。

人体必须靠外界补充的营养素这么多，而自然界中很少有一种食物能全部具备这些营养素。例如大米饭就缺赖氨酸，吃了饭必须吃菜，可以从菜中补充赖氨酸，有些菜又缺矿物质，必须从另外一种食品中补充。人身体需要的多样化，所以也决定了人类吃饭方法的多样化。吃的方法太单调，如每天只吃大米饭和青菜，不吃其他东西，你肯定缺乏营养，就会浑身无力，个子长不高，还会发生各种疾病，如缺钙骨头容易断，缺铁会贫血，缺碘就会得大脖子病，缺硒会心律失调、心肌坏死，缺维生素 A 会导致人的眼睛失明，等等。

补充营养要注意方法，方法不对，也会得病。如脂肪过多，也会引起心脏病、高血压。为了保护自己的身体，自从有人类以来，都在不断地研究各种不同的吃的方法，先后发明了成千上万种吃法，今天吃烤鱼，明天吃炸鸡，后天又改吃炖煮的鱼了，诸如此类，每天都在改变着不同的食物和吃的方法，从而更全面地补充着人的身体所需的各种营养。

近些年来，为了保证人的营养全面和合理化，营养学家们研究和提出了"宝塔型"的饮食方法。塔是由多层组成的，人吃的食品也是由多层组成。第一层塔底是由谷物类主食组成，主要指大米、面粉、玉米、高粱等的总和；第二层为蔬菜和水果；第三层为鱼、禽、肉和蛋等动物性食品；第四层为奶类和豆类食品；第五层为油脂类。一种宝塔，却有无数种搭配方法，如今天吃大米饭、青菜、苹果、鱼、鸡蛋、牛奶，并用茶油炒菜是一种方法，明天改吃面条、西红柿、桃子、虾仁、鸭蛋、豆腐，并用花生油炒菜又是一种方法，每天都可以换不同的食物和不同的吃法。你吃的种类方法越多，你的营养就越丰富。如果你老是一种食物一种吃法，肯定缺乏营养，至少是营养不全面，因为没有一种食品是包含了人类所需的全部各种营养的，不是缺这种营养，就缺那种营养。为什么人类成千上万年来吃了饭又要吃菜，这个习惯始终丢不掉呢，就是要保持营养的全面化。而且各种食物混在一起吃，是可以提高其营养价值的。经营养学家们研究，大概可以提高百分之十至百分之二十左右。

实际上，身体还有一些自我调节能力，当主食或蔬菜吃多了，就会不想吃蔬菜而是想吃肉，说明身体里面蛋白质或碳水化合物多了，而脂肪含量少了，人的身体大脑内部就会发出信号，想要吃肉，要你去补充脂肪了。当你肉吃多了，你就会不想吃肉而想吃蔬菜了，人的身体大脑里面就会发出信号，想吃蔬菜，要你去补充蛋白质或碳水化合物了。当你想吃肉时就去吃肉，当你想吃蔬菜时就去吃蔬菜，根据身体的需要来补充食物的方法，是人身体补充营养的最好方法。当你不能按照身体的需要来补充食物时，身体内部还有一些自我调节功能，就是当身体缺乏脂肪和蛋白质时，身体内部就会自动把碳水化合物转换成脂肪和蛋白质，当人身体缺乏碳水化合物时，身体内部又会自动把脂肪或蛋白质转换成碳水化合物。当然人吃进去直接补充的方法，肯定要比消耗完了再去转换补充的方法效果更好。我们还要知道，有些元素是可以转换的，而有些元素是不能转换的，只能靠外界补充，例如有些矿物质和维生素是不能转换的，只有靠吃进去才能补充，缺少了也是会得病的。

身体还有其他一些调节功能，例如人站久了很累，就想坐下来休息一下，坐久了很累又想躺下来休息一下，睡久了也会很累，就想起来活动一下，在家里待久了，又想出去走走呼吸一下新鲜空气。冷了想多穿点衣服，热了又想脱掉一些衣服等，只有及时地满足身体中的各种需要，我们的身体才会健康，我们的生活才会更幸福、更快乐。

怎样迈开腿，怎样管好嘴？许多的医生跟我们总结出了许许多多的各种好方法，我们要去学习这些好方法，运用这些好方法，让家里人的身体都能健健康康的。

2.定时检查身体，有病早治疗

我们要定时检查身体，应做到每年检查一次身体，随着年龄的增长，检查的项目和次数还要相应增加一些，因为老年人得病的机会更多些。不管大人还是小孩，发现有病，就要及时进行治疗，要找好一点的医生，对症下药，尽早治好。小病、早期的病好治疗，如果拖成了大病就不好治疗了，所以要特别地注意，要确保全家人的健康。

以前，在我们小区，有一个开水果店的老板，水果店不大，他年纪也不大，只有三十八岁，可能没有管好自己的嘴，吃东西不注意，身体发胖，以为自己还年青，都没有去医院检查过身体，得了病都不知道。那天刚准备下班，突然发病倒在了地下，昏迷不醒，送医院急救，是高血压脑出血，未抢救过来，去世了。他爱人才三十二岁，生有三个小孩，大的六岁多，小的才一岁多，他爱人哭得非常伤心，因她没有工作，小孩又这么多，叫她以后怎样生存下去？确实很悲惨。

我们小区也有一对老夫妻已经八十多岁了，还每天按时牵着手去外面走路，坚持锻炼身体，都是高高瘦瘦的，身体很健康，精神状态也很好。他们的子孙也很好，全家人都非常和睦幸福。可见，身体健康对一个家庭来说，是多么的重要。

第二章 目 的

第一节 什么是目的

目的，就是人类要生存生活下去的基本愿望与基本需求。世界上每一个人要想生存生活下去，这是愿望，也是总目的，期间还要满足他的各种需求，才能生存生活下去，或者说生存得好一些，达到一个较高的目标。

人类要想生存生活下去的愿望与需求，既有各个方面的，也有各种各样的，很多。最基本的需求有衣、食、住、行、休息、娱乐和其他精神上的需要，等等，而每一种基本需求又会衍生出各种各样的很多具体需求，满足每一种具体的需求都是人类要达到的一种目的。生存生活得更好更有质量，就是所有人的各种较高级的愿望和需求，这种愿望与需求就是大家共同的目的。

吃：是人类的第一大需求。一般来讲，一个人，缺少氧气几分钟之内就会死亡；缺少水3天之内也会死亡；缺少食物7天之内同样会死亡。在吃进去的食物之中，人体同时需要有蛋白质、脂肪、碳水化合物、多种维生素和矿物质，缺少哪一种对身体都是有影响的，有的会导致生病甚至死亡。所以人还必须同时吃进去多种多样的食物，才能满足身体的需要。现代的人，不但要满足各种营养的需求，还要有各种口味的需求，美味佳肴才是最爱。

凡是有生命的东西，都是有新陈代谢的，而新陈代谢是需要各种各样的营养物质来补充的，如不能及时补充，新陈代谢一旦停止，就会意味着生命的终结。植物所需要的各种营养物质，主要是从生长的土壤中吸取，人类和其他动物所需的各种营养物质都是在其生活的空间中索取。

穿：自然界中的气候变化无常，有时烈日高照，酷暑难熬；有时大雪纷飞，冰天雪地，异常寒冷。人需要保暖，否则会冻死。人需要保暖，这是他的基本需求，满足这种需求就是他要达到的目的。还有夏天，虽然很热，但人还是要穿短衣短裤，是为了遮羞，遮羞也是人的另一种目的。人们最早是采用树叶后改为用兽皮披在身上的方法保暖，再后来，人们又发明了种棉花，用棉花纺成纱、织成布、做成衣服穿在身上的方法保暖。慢慢地，人们设计成了各种奇装异服，染上了各种漂亮花纹图案，既保暖又美观。

住：鸟在树上有窝，老鼠在地下有洞，一般动物都有自己住的窝。人呢？猿猴时期是住在树上，进化为人以后，开始用茅草和树枝盖棚子，发明了砖、瓦和石灰以后，人就可以住在用砖瓦盖的安全牢固的房子里了。后来人们又发明了钢筋水泥，盖的都是高楼大厦。现代人追求的是生活质量，要住豪华装修的高档别墅了。房子可以遮风挡雨，挡雪挡阳光，可以去热、去寒、去湿气。人类可以在房子里做事、吃饭、睡觉、休息，一家人可以团圆相聚，过着温暖、舒适、幸福、快乐的生活。没有房子，人就要露宿野外，风吹雨打，太阳暴晒，冰雪冷冻，人就要遭受很多痛苦，甚至生病死亡。人们需要一个安身住的地方，这是人们要达到的一种目的，至于盖什么样的房子，盖多高多大的房子，盖在哪里，这都是借助各种不同的方法，通过这些方法，人们住的目的就达到了。

出行：如果人一辈子只待在一个位置上不动，那也是不行的，什么事也干不了，什么生活物资也得不到，等待他的也只有死亡。人必须行动，要去到不同的地方，做不同的事情，谋取可以维持自己生命所需要的各种物质，这也是人类需要达到的一种目的。古代，人类只是靠自己的两条腿或骑马坐车走路，活动范围很小，后来人类陆续发明了自行车、汽车、火车、轮船、飞机等交通工具，有了这些更先进或现代的交通工具作为人类出行的方法，人们活动的范围更大了，速度更快了，可以得到的生活物质更多了，人们的生活也就更富裕更幸福了。

休息：人的身体是需要新陈代谢的，而新陈代谢，除了需要补充各种营养物质外，还需要有时间来进行新陈代谢。人全身的细胞，老的细胞要死亡清除，新的细胞要替换更新，人的身体才能维持生存下去。当人工作久了以后，身体就会感到十分劳累，就会很想要休息一下，否则很难坚持下去，过度劳累是会生病的。这时候坐下来，什么事也不做，休息一下，或是躺下来，闭着眼睛睡一觉，因为只有休息的时候，新陈代谢的速度才会加快。你只有休息好了，或睡一觉，特别是晚上一定要睡一觉，等自然醒了，你才会觉得身体好了，不累了，精神饱满了，就又可以去干活了。

娱乐：如果一个人整天只是不停地工作，或只是不停地做一件事情，会觉得枯燥、无聊、烦闷。你就会很想出去散一下步，或是想去打一下篮球、乒乓球，下下棋，看看电视和电影，想娱乐休息一下。娱乐休息以便恢复你的身体状态，这就是人的具体的目的，而下棋看电视只是一种消遣方法。

精神上：精神上的需求，也是人类最基本的需求之一。例如，在家里，能得到父母、子女、兄弟姐妹及其他家人的关爱，在单位上能得到领导的器重、同事的尊重，无论在家里、在单位内、在社会上都有行动的自由、说话的权利、内心的快乐与自豪，有一定的威望和安全感，等等，这都是属于精神上的需求也即目的。

除了以上几种最基本的目的以外，还有其他各种各样大大小小的目的，而且每个人每个时期的目的也会不一样。如小时候，总是希望妈妈炒点好菜给他吃，买一件好衣服、一双好鞋子给他穿。看见别人的衣服好看，他也想要。有时候希望爸爸妈妈带他去游乐场、公园玩，有时候还希望爸爸带他去打球、游泳玩。这些希望，就是小孩子要实现的具体的目的。大一点上学了，他希望老师能喜欢他，希望自己的考试成绩在全班、全年级第一名，哪怕考不了第一名，那也希望能进前十名。希望老师和同学能让他当上学习委员，当然最好是班长，还希望能当上少先队的中队长或大队长。那些成绩不太好的，排在后面的，也希望通过自己的努力，能赶上去，超过前面的人，让自己的名次往前排。大家都在努力学习，拼命看书写作业，希望自己的成绩能好上去，不要下降。也有极少数成绩实在太差的，再怎么努力也赶不上去的，就会自暴自弃，希望少看书、少写作业、多休息。总是想尽各种方法躲着多玩一下，看电视、玩手机、上网吧、去打球、逛大街。有的甚至希望不读书，而是去打工挣钱。这便是一个成长中的孩子各种各样的需求和目的。

当考试取得好的成绩时，他们都希望能得到父母的赞扬和奖励。放寒暑假时，希望父母带他们去全国甚至世界各地最渴望去的地方旅游。也有家庭经济特别困难的学生，希望寒假暑假期间能找一份好一点的工资待遇高一点的工作，能把下一学期的学费挣够。

初中毕业升学考试时，总是希望自己能考进重点高中。因为只有进了重点高中，才有希望考进重点大学和名牌大学，才有希望读上自己喜欢的好专业。只有这样，毕业以后就有希望进那些好的公司、大的公司、待遇高的公司，找到自己满意又喜欢的工作。

参加工作以后，希望工作是自己最喜欢的工作、最体面的工作，是能让人羡慕的工作，是有地位的工作，有权威的工作，是经济效益好收入较高的工作，同时又是环境优美轻松愉快的工作。总之，人的欲望无穷，需求不断提升，要求不断进步。

各种各样的希望，就是人们想要达到的各种各样的目的。

每个人都有不同的奋斗目标，这个目标就是前面所说的具体的目的。有的人只想当个农民，种五六亩地，收到的粮食部分留下自己吃，其他的卖出去换回来其他的生活必需品。他的收入不多，只能维持自己的基本生存，生活水平不高。有的人虽然也是当农民，但他的奋斗目标定得要高些，他种的地有上百亩，甚至是上千亩，成了农场主。他收的粮食很多，除了少部分留下来自己吃外，大部分都卖出去，可换回很多的钱并买回很多的生活用品。他很富有，他可以住别墅、开豪车，穿品牌衣服、吃美味佳肴，生活水平很高。有的人只想当工人，为别人打工，每个月只有四五千元钱的工资，收入少，只能维持自己的基本生活，没有多余的钱。这种人可能是受条件限制，目标要求比较低，不愿多动脑筋，只想过一种简单的生活。有的人虽然也是当工人，但他的目标定得比较高，他肯学习、肯钻研，技术好，他的生产效率高，他的收入就多，每个月有七八千元钱，甚至上万元钱的收入，他的收入多，生活水平就要高。还有的人，定的目标更高，他创办自己的工厂，招收很多的工人为他干活，他的工厂每年的利润可以是几十万、几百万，甚至上千万元。他非常富有，他可以戴名表、开豪车、住别墅、吃山珍海味、满世界旅游，他的生活水平就是非常地高了。当然也有的人收入很高，但他的生活水平只跟普通人一样，要求的是事业上的成功，是一种精神上的追求，这种精神上的追求，就是他要达到的一种目的。

所有的人都希望过上富裕、幸福、美满的生活。所有的父母都期盼自己的小孩能成长得更好，得到更好的教育、取得更高的文凭，学到更多的知识和本领，希望小孩超过自己，活得比他们更好。所有的年青人都希望他们自己有更好的工作，更辉煌的事业、更满意的收入。所有的老年人都希望有更可靠的社会保障、更高水平的医疗卫生服务，让自己的身体更健康。所有的家里人都希望有更舒适的居住条件、更优美的自然环境。让自己过上富裕、幸福、美满的生活，是大家共同的愿望和需求，也是大家都要想达到的目的。

人类还有其他的许多愿望和需求，也即目的。如全世界的人都希望和平，不希望战争。但历史上，世界各地总是会发生各种各样的战争。特别是第一次世界大战和第二次世界大战，有许多国家参与，使用了各种武器，死了很多人，有的多达上千万人，这是全世界的人都不希望的人间悲剧。

全世界的人都希望有生态优美、空气新鲜的生活环境。但总有的人和企业为了自身的利益，破坏生态环境。如有的人滥砍乱伐树木，致使森林面积减少，有的乱丢垃圾，乱排污水，使土质变坏、河水污染，人们的生活及饮用水都受到影响。

特别是近代，空气污染尤为严重。空气中的灰尘、二氧化碳增多，人类的呼吸都受到影响。地球的温度升高，冰川融化，生态环境遭到破坏，这是人类所不希望的。有一个空气新鲜、生态优美的生存环境，是全世界人类共同的愿望与需求，也是全世界人民要达到的一个共同的目的。联合国已多次召开会议，制订了许多措施要求各个国家去改进生态环境，我国在这方面采取的措施多，做的工作也非常多，当然取得的效果很好。

人类世界存在各种各样的目的。有个人的，有企事业单位的，有各个地区的，还有全人类共同的。就是每个人不同的时期也会有许多不同的目的，人与人之间的目的也会有所不同。同样，各个地区、各个企事业单位不同时期也有不同的目的。个人的目的，是为了满足他自己生存生活下去的愿望与需求，而各个地区、各个企事业单位的目的，是为了满足其管辖范围的人生存生活下去的愿望与需求。所以说，人类要力求保证自我生存生活下去的各种愿望与需求，就是各种不同的目的，同时，只有携手并进，共同进步，社会才能发展，世界才能进步。

人类还有一个最大的共同特点，就是希望追求最好的生活和最高的意境，并当作自己最高的生活奋斗目标，这是人们心中要达到的最大的目的，并愿意为之奋斗终身。

国外一些政治家为了参加竞选能当上总统，会给老百姓许下许多的诺言，说如果能让他当总统，他可以采用各种好方法好策略让自己的国家变成世界上最强大、最先进、人民的生活最富裕最幸福的国家，老百姓就相信了他，也希望能过上那样富裕幸福的生活，因此投了支持他的票。

为什么有些名著能得到世世代代的人喜欢呢？除了作者写作水平很高，把人物、思想、各种事情都描写得很精彩外，设想描绘出了一种人人都向往的美好世界，让人人都有想去美好极乐世界生活的渴望和冲动，也是一方面原因。当然，打动人的情感，写出了一种人生经历、社会历史情态也很重要。

如《西游记》中描绘的天上的神仙世界，让大家都羡慕，渴望过上神仙生活。要是身边有人生活过得特别好，别人就会说他过的是"神仙般的日子"。猪八戒、沙悟净、孙悟空，一路上打败各种妖魔鬼怪，历尽千辛万苦，都要陪唐僧到西天去取到真经，就是为了修成正果。人们也非常佩服齐天大圣孙悟空，就是因为孙悟空有本事，会七十二变，能用各种方法，在人世与仙境之间来去自由。

《红楼梦》描绘的是可以接近皇帝的官僚富豪家的生活，书中的人有权有势有钱，不为柴、米、油、盐发愁，过的是美女成群、锦衣玉食、逍遥自在的富豪生活，这也是普通人向往的幸福快乐的世界。想要过上富裕、幸福、快乐的生活，通常是人们最高的目标、最大的目的，虽不一定能完全实现，但也是人们追求自己能更好地生存生活下去的一种天性。

第二节　目的的产生

目的，是人的大脑根据自身的生存生活需要而自然产生的。

现实中，人类的各种各样的目的无穷多，做每件事情都有其要达到的目的。每一个目的，都是人的大脑根据事情发展的需要而产生的。如家里的地面上很脏，布满灰尘，你的大脑中就会产生要让家里卫生干净的愿望与需求，从而大脑神经中心就会通过手的神经分支指挥手拿扫把去打扫干净。让家里干净卫生的愿望与需求就是目的，拿扫把去打扫就是方法途径。

有一个年青人坐在公共汽车上，当他看见一个八十多岁的老大娘也上车来了，但没有座位，他大脑中就产生了一个要发扬公德求得心灵安慰的愿望与需求，他马上站起来，把座位让给了老大娘。发扬公德求得心灵安慰是目的，他自己站起来把座位让给老人家坐就是方法途径，否则他自己坐着让老人家站着，他心中是有愧疚感的，内心是不舒服的。而自己站着让老人家坐着，虽然要累些，但他心中是有种自豪感的，他的心灵也得到了安慰。

你在办公室工作的时候，突然激光打印机坏了，打不出文字了，不能工作了。你大脑中很快就会产生要尽快把打印机修好并恢复工作的愿望和需求，这也是你的目的。通过检查，发现可能是墨粉筒里墨粉用完了，需加新墨粉了，你马上就去买了一盒新墨粉加进去，激光打印机好了就恢复工作，又可以打印出各种文件了。你的目的达到了，而那些行为动作就是方法途径。

有一个村子，旁边有一条河，到镇上去办事买东西都要坐渡船过去，很不方便，大家的头脑中也都会产生一个共同的愿望和需求，就是希望要在河上架一座桥，从桥上过河要方便多了，这是大家都想达到的一个共同的目的。但以前，大家都很穷，村集体没有钱，个人钱更少，桥建不起来。后来，经过大家的努力，村办企业也有了，还有不少人出去打工赚钱了，有的人还当上了老板，赚大钱了。大家都有钱了，在村领导的号召及组织下，村集体出了钱、有钱的老板捐了钱、村民也个个集了资，大家在一起凑足了建桥的钱，用这些钱买了材料、请了施工队，通过这些方法手段把大桥就建起来了，大家的愿望与需求，也就是目的达到了。现在出行方便多了，村里人都很高兴。可见齐心协力可以达到共同的目的，可以办大事情。

第三节　总目的与分目的

前面讲人类需要生存生活下去是主要的总目的。但人的需求是多种多样的，如吃、穿、住、行、休息、娱乐及精神上的等各种基本需要，而这其中的每一种基本需求又会衍生出更多的其他各种各样更具体的需求，每一种具体的需求都是属于一种目的，属于一种更具体细微的分目的。

一个人一生中，会有许许多多的目标、规划、计划、要求等等，都是要去实现的，而这些所谓的目标、规划、计划、要求，都是属于人要实现的具体而微的分目的。除了人要活下去这个总目的以外，其他的都是具体的分目的。只有这些具体的分目的实现以后，人要活下去这个总目的才可以实现，或者说活得更好。在这许许多多的具体的分目的中，有一些还是必需的，缺少就会导致人的死亡。如呼吸道被堵塞了，吸不到氧气，人十多秒钟就要死亡，具体的分目的达不到，人要生存生活下去的总目的也就实现不了。而有些具体的分目的则不是很重要，如娱乐方面的分目的，有一些没达到是没关系的，没有实现也不影响人的生命，实现了只是让人的生活更美好更丰富一些，可以添加一些光彩和乐趣。

总目的和分目的，是一个相对的概念。总目的是由许多分目的组成的，所有的分目的达到了，总目的也就达到了。除了人类要生存生活下去这个最大的总目的，也会出现其他的一些不同阶段的总目的，当然这些小的总目的也是属于最大的总目的下的一些分目的，而这些分目的，相对于其范围和阶段内更小的分目的来说，也是一个总目的，因为它也是由许多更小的分目的组成的，只有这些更小的分目的达到了，小的总目的才能达到。人类的不断进步，就是由一个个小阶段的进步组合而成的。

例如，有一个高三的学生，他的奋斗目标就是要拿到高中毕业文凭，这个奋斗目标，就是他的总目的。而他的政治、语文、数学、英语、物理、化学等各科考试成绩都必须及格，他才能拿到毕业文凭，只要有一科考试不及格，他就拿不到毕业文凭。各科考试成绩都及格是他的各种分目的，只有所有的分目的都达到了，他的这个阶段总目的才能达到。

有一个工厂企业老板，他定下今年的奋斗目标是要取得纯利润达到3000万元。这也是他今年总的目的。而产品质量、产品生产能力、产品销售量就是他的分目的。如果产品质量不好，产品没人要；或是产品生产能力不足，产量达不到；或是销售方法不好，产品销售量很少，这三个分目的，只要有一个达不到，今年3000万元的纯利润就完成不了，今年的总目的就达不到。如果三个分目标都完成得非常好，今年的总目标也有可能会超出预期。

又例如，一个地区今年定的奋斗目标是要完成GDP国民生产总值为3000亿元人民币，这是全地区要完成的总目标。这个总目标是要分配到各个县去完成的，各个县大小情况不一样，有的县大生产能力强，会多分配一些任务，有的县小生产能力差些，就会少分配一些任务。同样，各个县又会把目标划分到各个乡镇去完成的。

各个县的任务就是分目标，只有各个县的分目标都完成了，全地区的总目标才能完成。当然，还有另外一种情况也是会经常出现的。如有的县完成得特别好，超额了，虽然有的县没有完成，但全地区统计总的目标完成了，也就是全地区的总目的还是达到了。

各个县相对于各个乡镇，各个乡镇相对于各个乡村，也同样存在着总目的与分目的的关系，在其他各种不同的情况下，都会出现总目的与分目的的这种关系。所以，总目的与分目的这种关系，在我们生活中是经常遇到的。

第四节　目的有阶段之分

有的目的不是一次性就能达到的，而是要分好多个阶段才能达到。只有从第一个阶段开始，完成了第一个阶段的工作，达到了第一阶段的目的，才能开始去完成第二阶段的工作，达到第二阶段的目的，从而开始下一个阶段，以此类推，总的目的才能达到。

有时候，我们只是粗略地划分为几个大一点的阶段，而每个大的阶段又可以细分为许多个小的阶段，只有所有的这些小阶段的小目的都完成以后，这个大的阶段的目的才算达到了。

例如，我们需要大米做饭吃，不致饿死，这是我们的目的。假如我们是农民，需要自己用种植水稻的方法才能得到大米，达到有饭吃的目的。这个目的就是要分几个阶段才能完成实现。第一个阶段的分目的，就是想要得到一块能种植水稻的田地，也叫水稻田。这块水稻田的泥土应该是深翻过的、施过肥的、放满了水的。翻地、施肥、放水，这些都是方法，通过这些方法，使这块水稻田达到了能种植水稻的条件，从而达到了这个阶段的分目的。完成了第一阶段的分目的，才可以去实现第二阶段的分目的，就是要在这块水稻田里插上水稻秧苗。这个阶段中，又要通过选种、育苗、拨秧、插秧这几种方法，才能达到能在水稻田中插上水稻秧苗这个阶段的分目的。接着又要去完成第三阶段的分目的，这个阶段的分目的就是希望水稻能丰收，长出好的谷子来。这个阶段中，要通过田间管理的各种方法和步骤，如追施肥料、补水、耘禾、松土、清除杂草、打农药消灭病虫害，等等。第四个阶段的分目的，是要把成熟的水稻谷子收割回来，并脱糠皮加工成能煮饭吃的大米。这个阶段又要通过收割、脱粒、晒干、脱糠皮等方法，才能把水稻谷子加工成能煮饭吃的大米。这个阶段的分目的就

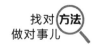

算达到了。

前面四个阶段是依次完成的，只有完成了第一个阶段，才能开始第二个阶段，接着是第三和第四个阶段，缺少一个都不行，直到最后一个阶段的完成，总的目的才能达到。也就是说，只有通过这四个阶段依次进行种出来的大米，做出了香喷喷的大米饭，吃到了肚子里，解决了肚子的饥饿问题，我们这个总的目的才算实现了。

以上只是分了几个大的阶段，实际上还可以细分，每个阶段又可以分为多个小阶段。如在第二个阶段中，就可以细分为选种、育苗、拔秧、插秧等多个小阶段。每一个小阶段都有其达到的小目的。譬如选种子，希望选上一种产量上能丰收、营养上能丰富、口感上能美味的水稻品种，这就是这个小阶段上的目的。水稻品种有很多，有适合南方种的，有适合北方种的；有适合春天种夏天收的，有适合夏天种秋天收的；有高秆的，也有矮秆的；有籼稻，也有糯稻；有高产的，也有低产的，等等。选不同的种子就是不同的方法，选得好，就能很好地达到我们这个小阶段的分目的，选得不好，就不能很好地达到我们的分目的或者是达到了分目的但不理想。

同样，盖一栋商品住房大楼，也可以分为几个大的阶段。第一个阶段是购买地皮的阶段。希望买到一块面积足够大、地点确实好、环境非常优美的可盖商品住房大楼的地皮，是这个阶段的分目的。第二阶段是商品房大楼的设计。希望设计做到外表美观、内部空间布置合理、结构可靠牢固，是这个阶段的分目的。第三个阶段是打地脚基础，第四个阶段是施工盖地面上的楼层，第五阶段是内部装修，每一个阶段都有其要达到的分目的。而每一个大阶段又可以细分为许多的小阶段，每一个小阶段也都有其要达到的目的。如第四阶段，施工盖地面楼层，必须是从第一层依次盖到最高一层，缺少一层都是不行的，而每一层又都可以算是一个小阶段。大阶段有大阶段的目的，小阶段有小阶段的目的，只有每一个小阶段的目的实现以后，大阶段的目的才能实现，所有大阶段的目的实现以后，总的目的才可以实现。

很多时候，哪怕是最简单的一件事情，都可以划分为多个阶段，每个阶段都有其要达到的目的。如在网上买一件衣服，这么简单的事情，也可以划分为多个阶段。第一个是在手机上上网、寻找商家的阶段，目的是要找到一个产品式样多、产品质量好、服务态度好的商家。第二阶段是要挑选衣服的阶段，目的是希望能选到一件美观、大方、质量好耐穿的衣服。第三个阶段是付款、跟单、收货的阶段，希望能尽快穿上自己喜欢的衣服，达到用于身体保暖或出席某种场合的目的。

上级每年要给我们下达年度任务目标，如果按季度分，可以分为四个阶段，如果按月分，可以分为12个阶段。

所以说，很多目的是带有阶段性的，每个阶段都有其具体的分目的，只有全部阶段的分目的完成以后，总的目的才能实现。

第五节　目的有长期与短期之分

短期的目的，一般是指近期就要实现的目的，有的甚至是马上就要实现的临时性的短期目的。人要生存生活下去的愿望与需求是多种多样的，而且每天都有，因此短期的目的就会有许多。如人每天要吃三餐饭，少吃一餐都会觉得肚子饿得慌，需要吃到三餐美味可口的饭菜，就是一种短期性的目的，而且是必不可少的短期性目的。早晨起来，发现腰很痛，今天上午需要去医院治疗腰痛病，这也是一种临时性的短期目的。下午还要开个会，会上要作的报告还没写完，上午要把它写一下。办公室的空调机坏了，上午要安排人去修一下。厂里的产品设备，昨天还剩一点没调试完，今天要安排人去调试完，并交销售部门给顾客发货。父母亲今天要从老家来了，还要去火车站接一下。小孩明天开始要上学了，今天还要给他去买书包和文具，明天早晨还要送他去上学。家里的大米快吃完了，还要去超市买点大米……等等，每天要做的事情很多，这种临时性的短期目的也就很多。

而长期性的目的呢，是一种长远性的计划、规划，需要长时间的奋斗才能达到目标。一个人不能只顾眼前，做一天和尚撞一天钟，无所事事，要有长远的人生规划。更要有实现人生长远规划的雄心壮志，要有拼搏精神，要有为实现理想而坚持不懈的努力，脚踏实地地工作，不怕失败，不怕挫折，勇往向前。敢于经过长期的努力，实现自己的理想，达到自己的长期目的，人生才是完美的。

一个学生，从小就要有雄心壮志，他订下的长期奋斗目标，就是要想通过自己的努力，最终考上重点名牌大学，拿到大学本科毕业文凭，甚至拿到硕士和博士毕业文凭。

一个农民，他的长远目的，也就是远大理想，有可能就是通过自己的努力，最终建成一个拥有几百亩甚至上千亩地的大规模的蔬菜基地。在工厂型的阳光大棚里，蔬菜的育苗、施肥、灌溉、温度调节、采摘等工作，全部为自动智能化控制操作。蔬菜的生长需要完全按最优方案配置，生长出来的蔬菜，无农药公害，味道鲜美，产量高，效益好。

一个工人，他的远期奋斗目标，也就长远性目的，有可能是想通过自己的长期努力，能建成一个现代化的大型工厂。生产出来的产品，自动化程度高，技术最先进，质量最好，很受顾客欢迎，市场畅销，效益最好。

一个科研工作者，他的奋斗目标，就是希望自己多出科研成果，多获国家和国际发明专利，填补国家和世界空白，走在全国和世界的前列。

一个技术工作者，他的奋斗目标，就是希望通过自己的努力，能让自己的技术知识丰富、技术水平最高，可以成为本单位、本行业内最高技术权威。最近国家表彰了一批"大国工匠"，他们就是通过自己的长期努力，拥有全国最高的技术操作水平，作出了行业突出贡献。特别是那些能让火箭成功飞上太空、让卫星安全上天，航天器在月亮和火星上登陆、让上天工作的航天员安全返回地球，就是需要他们拥有高技术操作水平和高度负责任的工作态度，这些奋斗目标才得以实现。

一个公务员，他的长期奋斗目标，有可能是希望通过自己的努力，把自己的工作做好，把辖区内的事情管好，让辖区内的老百姓安居乐业，生活幸福。并不断地提高自己的工作能力和管理水平，并在工作中取得突出贡献，如果能让上级提拔和重用自己，则收效更大。

当然，并不是所有的人都会把长期的奋斗目标订得那么高并实现得了。很多的人都会根据自己的实际情况和需要来确定自己的长期奋斗目标。有的希望通过自己的努力工作，多赚点钱，能买一套大的新房子，让全家人住得舒服。有的人希望多赚得钱能买部豪华的小汽车，可以让自己不再挤公共汽车，而是开车去上班，节假日还可以带上全家人去外地景区旅游。有的人则是希望自己努力工作，取得好的成绩，可以得到领导或老板的信任和喜欢，有一个稳定的工作和比较好的收入，可以让全家人生活得宽裕幸福。

也有很多人是把自己的长远奋斗目标，与自己的单位、企业、地区结合在一起，希望通过自己的艰苦奋斗、努力拼搏，能让自己所在的单位、企业、地区发展起来、强大起来、繁荣起来。

各地区、各行业、各企事业单位、团体和个人，都会有各自的长期奋斗目标，如果大家都在为实现这些长期目标而努力奋斗，则地区就会繁盛、行业与企业就会有发展，个人就会有奔头。

第六节 目的有高低之分

在同等条件下，目的是有高低之分的。

同一个班的学生，期末考试前，每个人都在心里会预先设定自己的考试分数目标，有的定在要达到95分以上，有的定在要达到90分以上，有的定在要达到80分以上，而成绩特别差的个别学生，定的目标只要达到60分以上就可以了，争取考试成绩及格，他的目的也就达到了。各人的目的不一样，有高有低。

有的省很大，人口也多，生产企业多，生产能力也强，当然可以定每年完成10万亿元人民币的GDP国民生产总值的目标。而有的省比较小，人口也少，企业少，生产能力低，只能定每年完成5万亿元的GDP国民生产总值的目标。有的人可以定一年之内要存500万元钱的目标，因为他有一家企业，有很多人在为他工作。而有的人只能定一年存一万元钱的目标，因为他是一个打工人，每个月只有5000元钱工资，除去吃饭、租房日常花销等费用，所剩无几。

目标越高，难度越大，付出更多，必须努力去奋斗才能达到。有的人懒惰，容易满足，定的目标比较低，所以生活水平也就低。有的人上进心强，肯吃苦，肯努力，他定的目标就高，而且会努力想方设法去达到目标，他的生活水平就高。

谁都想把目标定高一点，让自己的生活好一点，但各人所处的环境和条件不一样，不是所有的目标什么人都可以定。例如想当老板这个目标，只有少数人可以定，也就是有能力、有实力，且有一定经验积累和工作能力的人，才有机会去实现这个目标。一个初入职场的打工仔，履历平平，经验缺乏，又不上进肯吃苦的话，当老板简直是奢望。

所有的地区、企业、单位、个人，每年在制订计划和目标时，都会逐步提高的，因为社会在发展，人类在进步，所以目标也会越来越高，也就是目的会越来越高。

第七节　目的有大小之分

目的也有大小之分，有的目的大，有的目的小。一般来说，范围大的目的比范围小的目的要大，数量大的目的比数量少的目的要大，重要的目的要比不重要的目的要大，主要的目的要比次要的目的要大。

例如，一个地区的奋斗目标即目的，肯定要比一个县的奋斗目标大，而一个县的奋斗目标肯定要比一个乡镇的奋斗目标大。因为一个地区的范围肯定要比一个县一个乡镇的范围要大得多。

一个有上千亩地的大农场主，他收获粮食的奋斗目标，肯定比一个只有一百亩地的小农场主大得多，因为他的土地数量要多很多。

一个人得了很严重的疾病，需要马上住院动手术治疗，否则就有生命危险。肯定住院治好病这个目的，要比不去治病而是去上班赚钱的目的大而且重要得多，因为一个人的命才是最重要的，没有命，钱再多又有什么用呢？

一个空调机的生产厂家，主要是生产空调机，也扩大生产一些电风扇、排气扇等其他一些产品，空调机的销售目标即目的，肯定要比电风扇、排气扇等其他产品的目标大得多，因为空调机才是他们的主要的价值生产线，需要大量的产品。

一个想上大学的目的，肯定要比买一件礼物的目的大得多，且价值不等同。

第八节　目的有难易之分

目的也有难易之分。有的目的很容易达到，而有的目的很难达到，也就是它的难度很大，不容易达到。

例如，有一棵果树长在悬崖峭壁上，果子虽然很甜很香很好吃，也很想吃，但很难摘得到，除非从山顶用绳子把人吊下去摘，如果绳子断了，不但吃不到果子，还会摔得粉身碎骨，危险性极大。而有另一棵果树，生长在一个果园里，想吃它的果子很容易，只要用手直接从树上把果子摘下来就可以吃到了。虽然这种果子的味道比悬崖上的果子味道要差些，但是相差也不是很大。而它的安全性却大多了，没有什么危险，费的功夫也少多了。如果让你选择，一个是想吃悬崖上的果子，一个是想吃小山坡上的果子，这两种目的，你会选哪一个呢，相信你会选第二个，因为第二种果子味道虽然稍差一点，但是难度小多了，而且安全性是大多了。我们选目的一定要选安全性大的容易达到的目的。

有些目的，达到难度比较大，但效果特别好，一旦实现，会对自己的工作、技术、前途和发展都有很大的帮助。只是要付出很大的努力和艰辛，还是可以达到的，在这种情况下，我们一定要优先选择，决不能放弃。

有两本书摆在我们的面前，一本是适合我们自己的专业技术书，一本是小说。专业书对我们的工作、技术、发展和前途是有很大帮助的，但学习起来难度比较大，要花很多的时间和精力，也许是几个月才能看完，也许是要将近一年才能看完。而另一本是小说，很好看，几天就可以看完，还会给我们带来快乐，但对我们的工作、技术、发展和前途没有什么帮助。两本书摆在我们面前，要我们选择，那我们还是会选择专业技术书，虽然难度很大，但对我们的帮助很大，效果特别好啊。

所以，我们选目的，一定要选对我们有用的、帮助比较大的目的，哪怕是这种目的达到的难度比较大，我们也一定要选。

第九节　目的的设想与确定

1.要优先设想和确定的是最需要而又最重要的目的

目的的设想与确定，要优先考虑确定的是自己最需要又最重要的目的。我们要先办大的事情、重要的事情，正如毛主席所说的那样，要学会先解决主要的矛盾，这是我们办事的原则。

如果不是这样，首先设想和确定的是那些自己不是很需要，或是可有可无的目的，并采取行动去实现那些无关紧要的目的，那就会浪费时间和精力，效果最差。就像俗话所说，是捡了芝麻丢了西瓜。西瓜很大，芝麻很小，西瓜易取，芝麻难捡，哪怕花很多时间拣了上千粒芝麻，也只是一小把，还不到一个西瓜的十分之一，甚至几十分之一。花很多时间拣的芝麻达不到填饱肚子的目的，而花很少时间就能得到一个大的西瓜，就能达到填饱肚子的目的。丢大得小，是最不划算的事情，聪明人是不会干这种傻事的。

一个人做事情，首先要做自己最需要的事情，特别是自己最需要的大事情，一定要优先做，只有这样，才能更好地达到自己的目的。因为做大事情可以完成大的事业，才会取得比较大的好的效果。在时间充裕的情况下，也可以顺带做些需要做的小事情，会更好地达到我们需要达到的目的。

2.要优先设想和确定那些有条件达到的目的

我们设想与确定目的时，要优先考虑那些有条件可以去实现的目的。而对于那些条件不太好、实现起来非常困难，或是难以实现的目的，我们只能放在后面有时间再考虑，或是等到条件具备的时候再考虑。对那些不具备条件、不可能实现的目的，根本就不要去考虑，否则只会浪费时间和精力。因为那只是空想，空想是会害人害己的。

有一位青年人，连普通高中毕业的文凭都没有，他却有个想当飞机总设计师的目的，他能实现吗，恐怕很难，因为他不具备条件，而且他的水平根本就达不到，他只能考虑和确定其他能实现得了的奋斗目标。或者他从现在开始，就要着眼于基础知识入门，再一步步立志，攻克初级到高级的技术难题，必然能完成梦想。

3.要优先考虑能找到好方法去实现的目的

有些目的的设想与确定，还要考虑实现它的难易程度。有些目的，难度要小些，比较容易达到，有些目的难度是比较大的，要达到不那么容易。还有些目的难度特别大，遇到的困难特别多，自己一定要付出很大的努力，克服各种困难和阻力，长期坚持不懈的艰苦拼搏和奋斗才能达到。而关键的是，你所定的目的，还要看你能不能找到什么方法去实现它。如果你能找到很好很巧妙的方法，那你就很容易达到你的目的，而且效果还非常好。哪怕是很难的目的，只要你的方法好，也是可以达到的，那就可以确定为你的奋斗目的。如果实在找不到好方法和捷径去实现你的目的，那只有放弃这个目的了。所以，我们在设想和确定奋斗目的的同时，要多动脑筋、多学习、多调查研究，首先要设想和确定的是那些能找到好方法去实现的目的。

4.目的要预先设定、合理安排

一个地区，要有一年的任务、五年的计划、十年的规划，甚至是百年的奋斗目标。而各个企事业单位，也有类似的任务、计划、规划和奋斗目标。各种奋斗目标就是最终要达到的目的。

作为个人来讲，也要作出自己的人生规划，也要首先作出一年、三年、五年、十年，甚至一辈子的人生规划，并设想与确定自己的奋斗目标。如果什么规划都没有，做一天和尚撞一天钟，虚度光阴，那这辈子将会一事无成，也就一辈子过不上自己想要的幸福生活。

实际上，每个人都会有许多各种各样的奋斗目标，不同时期有不同时期的奋斗目标，各人也有着各人不同的奋斗目标。这许许多多的奋斗目标，怎样去设想与确定，怎样去安排和完成，是每一个人都必须认真考虑的。既要大胆设想与确定，又要合理安排，妥善处置，积极完成。

一个人的奋斗目标，不能定得太高，但也不能太低；太高了，怎么努力也达不到，会让人失去信心；太低，不需要努力，就可以轻松达到，也会让人失去兴趣。定目标要定在适当的高度，要让人通过一定努力才能达到的目标才比较合适，如果还要让人跳一跳才能触摸到的目标最好，因为只有这样，才能激发人拼命奋斗的好胜心。

第三章　方　法

第一节　什么是方法

　　人类要生存生活下去，每天都必须得吃饭、喝水、吸收氧气，血液要不停地流动，补充身体所需的各种的营养物质，不能中断，一旦中断，就会危及人的生命。除了吃以外，还有穿、住、行、休息、娱乐、婚姻、家庭以及精神上的其他各种需求等，不满足这些需求，人就会很难过、很痛苦，甚至会有生无可恋的感觉。

　　每一种需求都是人类要达到的一种目的，而每一种目的，人类都必须要通过某种行为方式才能达到，这种行为方式就是方法，方法也是人类为达到目的所必须通过的一种途径。所以，人类的每一种行动，每做一件事情，都可以说是一种方法，也都有其要达到的目的。目的是随着人类要生存生活下去的各种需求产生的，满足各种需求就是人类要达到的目的，方法又是随着要达到的目的而产生的。有目的才会需要有方法，没有目的，就不需要有方法，每一种目的，也都必须通过某种方法或手段才能达到。

　　例如，有一个人突然觉得身上很冷，冷得全身都发抖了。他必须马上保暖，否则会生病。要保暖使身体不生病是他的目的，而他能采取的方法一般有三种，一种是马上加穿棉袄一类的厚衣服，这样就会不冷了；二是马上生一堆火烤一下，有火烤马上就不会冷了；三是马上跑步做剧烈运动，一运动身上就会发热，也就不会冷了。

　　有目的就必须有方法，没有方法是达不到目的。目的和方法是相互依存的，相随相现的。正如前面所举的例子，身体发冷，需要保暖不生病是人的目的，但没有采取一定的方法，你是达不到保暖不生病的目的的。

我们经常会看见在行驶的公共汽车上坐着几十个人，这几十个人用的都是同一个方法：坐公共汽车。这些人采用同一种方法，肯定都有其要达到的各种不同的目的，没有目的是不会无缘无故去坐公共汽车的，除非是闲得没事儿。我们可以猜想，这些人的目的，应该会是：有的去单位上班，有的是下班回家，有的是去亲戚家做客，有的是上街买东西，有的是去体育馆打乒乓球，等等，这是属于方法相同而目的不同。

到了下班时间了，大家都会向单位外走去，他们都有一个同样的目的：回家。但他们所用的方法不一样：有的是开车回家，有的是坐公交车回家，有的是坐地铁回家，有的是骑电动车回家，还有的是走路回家，等等。这是属于目的相同而方法不同。

有的服装厂很大，一个车间就有上千人，他们每天都是踩着同样的缝纫机做一样的衣服。这是他们的工作，他们所采用的都是同一种方法，大家的目的也一样：就是挣钱养家养自己。他们目的相同，方法也相同。

有时走进一个家庭，你就会看到，奶奶在炒菜做饭，爷爷在看电视，爸爸在看报纸，妈妈在看书，小孩子在做作业。奶奶炒菜做饭也是一种方法途径，目的是让全家人有饭吃，因为大家肚子都饿了。爷爷看电视也是一种方法，一种娱乐消遣的方法，目的是让自己精神愉快。爸爸看报纸也是一种消磨方式或获取新闻及其他知识的方式，目的是为了了解国内外大事。妈妈看书也是一种学习方法，目的是为了增加专业知识。小孩做作业也是一种求学方法，目的是为了巩固和提高在学校学到的知识。从中可以看出，每一个人的每一种行为动作都是一种生活方法，都有其要达到的一种人生目的。

有的人在街上慢慢走，一点都不着急，他也许会说："我就是随便走走，没有什么目的。"真的没有什么目的吗？不是的，他肯定是在家里或是在办公室里坐久了、待烦了，目的就是想出来散散心，让自己的精神上愉快一点，顺便还可以锻炼一下身体，方式方法就是出来走一走。你只要有动作，就肯定有目的，动作只是一种方法而已。

上级政府会向下级政府及所属各单位，下达很多的文件，文件中会下达许多的计划、任务，也就是奋斗目标，这些目标就是政府要达到的目的。为了完成这些目标、计划、任务，上级同时会制订出许多的方案、措施、方针、政策。目标、计划、任务是属于政府要实现的目的之类的规划，而方案、措施、方针、政策是属于方法之类的途径。

还有所谓的计策、点子等也是属于方法类的，包括我们平时所说的办法、做法、干法、想法、说法、活法，还有法律约束等。所谓办法就是办事的方法，做法就是做事情的方法，干法就是干事情的方法，想法就想事情的方法或意愿，说法就是说事情的方法或解决途径，活法就是怎样活下去的办法。而法律约束等，这是属于国家管理老百姓的一些方法措施。凡是带有"法"字的，都是属于方法范畴的。

第二节　方法的构成

方法是达到目的的途径。方法的构成主要有两个方面，第一个方面是物质，方法是由什么物构成的。不同的物质途径，构成不同的方法，物质途径不同，则方法不同。第二个方面是构成方法中的物质的形态，方法中的物质是由什么形态构成的。形态中的"形"，就是指物质的形状，形状发生改变，则方法发生改变，形态中的"态"，是指物质的状态也即位置，物质的位置发生改变，则方法发生改变。形态有两种，一种是静态的，另一种是动态的。静态的，是一种固定不变的形态，而动态，就是它的形态是不断变化的。有时候，在一种方法中，动态和静态两种都存在，不同的形态构成不同的方法，形态不同则方法也不同。简言之，方法中的形态，就是指方法中的物质的形状和位置，发生变化的就是动态，没有发生变化的就是静态。

形态主要有下列几种情况：物质的形状和位置都不发生变化的叫静态。而动态，主要有三种，一种是物质的形状发生变化而位置不变化，第二种是物质的形状不变化而位置发生变化，第三种是物质的形状和位置都发生变化，这三种情况都属于动态。

例如，早上我们要送小孩去上学，但小孩起得有点晚，时间有点紧。把小孩送到学校去上课是我们的目的，采用的方法呢，假如公共汽车先到，我们就坐公共汽车去，假如出租车先到，我们则打出租车过去，假如公共汽车和出租都没有，那我们只有骑电动车去，但电动车要慢一些，时间上有点紧。在这三种方法中，人、公路、公共汽车、出租车、电动车，是属于方法中的物质途径。而形态呢，公路是形状和位置都不发生变化的，是属于静态，公共汽车、出租车、电动车和人形状是不发生变化的，但位置发生了变化，都是从家里到了学校，都是属于动态，所以这三种方法的形态都是一样的。但公共汽车、出租车、电动车和人是属于三种方法中的物质途径，在这三种方法中都有人，人是没有变化的，但其他物质发生了变化，第一种方法中是公共汽车、第二种方法中是出租车、第三种方法中是电动车，而公共汽车、出租车、电动车是属于三种不同的物质途径，物质途径不同则方法也不同，所以坐公共汽车、坐出租车、骑电动车是属于三种不同的方法。

有一个人要上街去买东西，要到达街上去买东西是他的目的，而去的方法有两种，一种走路去，一种是跑步去。人和路是属于方法中的物质存在，其中路的形状和位置都是不变的，是属于静态，而人的形状未变只是位置发生变化，也是属于形态发生了变化，一种是走路，一种是跑步，这是两种不同的形态，形态不同则方法不同。

公元208年，曹操率二十万大军在长江北，刘备和孙权联军只有五万人在长江以南。曹操想一举歼灭刘备和孙权联军，一统中国。但曹操大军堵在长江边，过不了长江。因曹军是北方兵，既不服当地水土，生病的士兵不少，更不懂水战，刚一开始就吃亏打了一个败仗。怎么办呢，曹操很发愁，这时，著名谋士庞统来拜见他，曹操很高兴，向他请教。庞统说，这不难，只要采用一种好方法可以把这个问题解决：就是把大小船只搭配，每三十条船或五十条船首尾相接，用铁索锁住连在一起，在上面再铺上木板就可以了。

曹操按照庞统说的方法，把所有的船都连起来了，并要从东吴投降过来懂水战的两位将军训练那些士兵。士兵不难过了，训练起来也有劲了。

孙权和刘备着急了，如果让曹军用这种方法再训练下去，这个仗就很难打了。刘备的军师诸葛亮、东吴的大都督周瑜，同时都想到了，既然曹军的船全部连在一起，而船全都是用木板做的，当然最好是用"火攻"的方法才能取得胜利。周瑜还和老将军黄盖商量要演一场苦肉计，这个计也就是一种方法，而且是一种好方法，就是让黄盖假装投降曹操，带领部下驾驶装满火种的小船，冲进曹营去放火。周瑜后来突然想起来冬天只有北风，没有东风，这个火是很难烧起来的，很着急。

周瑜都快急出病来了，诸葛亮来看他，对他说，你得的是心病，我可以帮你治好。当时诸葛亮写了"万事俱备，只欠东风"八个字拿给周瑜看，周瑜很惊讶，因为两个人的想法都一样。诸葛亮接着说，你帮我在江边建个神坛，到时我可以帮你借东风。周瑜很高兴地答应了。实际上，因为诸葛亮懂得天文风水，知道过两天就是冬至了，冬至那天是会刮东风的，做神坛只是要蒙骗周瑜的。

到了冬至那天，诸葛亮就上神台假装做法，东风刮起来了。黄盖率几十条小船去投奔曹操，曹操很高兴让他们过去。快靠近曹军大营时，黄盖突然将前面的十条小船点起了大火，借着东风冲向了曹军的水寨，曹军抵挡不住，所有的木板船又连在一起打不开，火势借着东风，越烧越旺，火势冲天，不但水寨起了大火，连岸寨都起了大火。周瑜率领东吴水军奋力冲杀过去。曹兵四处逃跑，被火烧死的，掉水里淹死的，不计其数，曹军大败。曹操改坐的小船也被黄盖发现并奋力追赶，在部将的拼命保护下，曹操终于逃了出去，回到了北方。这就是历史上有名的以少胜多的火烧赤壁大战。

在诸葛亮和周瑜采用"火攻"打败曹操的方法中，曹操、孙权、刘备三方中的人、营寨、武器、船、长江及两岸的土地，都是属于方法中的物质存在，而曹操指挥人把所有船连在一起的行动、诸葛亮用神坛借东风的行动、黄盖假装投降的行动、黄盖放火烧曹军大寨营的行动、周瑜带领水军向曹营冲杀的行动、曹营士兵被火烧死落水淹死的行动、曹操逃跑的行动等等，都是方法中的形态，而且都是动态。

在很多居民所住的小区内，为了美化环境，都栽种了很多的树木花草，但树和花容易生虫，虫会吃掉树叶和花，有的还会啃食树皮和树干，在树枝上钻洞，如果任其发展，树和花都会死掉的。园林绿化工人一般会采用喷雾器喷洒药水的方法把害虫消灭掉。园林绿化工人、树、花、喷雾器、药水、害虫都是属于方法中的物质，而树和花是长在土里面不动的，是属于方法中的形态，是属于不动的静态，害虫张开嘴啃食树叶树皮和花是方法的形态，是动态，人按动喷雾器把药水喷射在害虫身上把它药死，是方法的形态，也是属于动态。在这种方法的形态中，既有静态，也有动态。

看见朋友来了，我们会张开嘴巴笑一笑，用笑迎接朋友也是一种为人处世方法。嘴巴是属于方法中的物质，而张开嘴巴笑一笑，是一种形态，属于动态。

只要我们睁开眼睛，凡是能看得见的东西，不管是家里的，还是外面的，都是有其固定形状的，而水和油等各种液体，都是随着容器的形状而改变、随着位置的高低而流动的，属于一种动态。哪怕是人眼看不见的空气，它也是有形态的，不过是属于不断变化的动态，用一定的方法也可以把它测定出来。

所有的方法，都包含有物质和形态两个方面的因数，缺少物质是构不成方法的，不同的物质存在构成不同的方法。而任何物质也都是有其形状和位置，形状和位置就是物质的形态，形态改变，方法也会随着改变。一般形状改变得少，而位置发生变化得多。

我们不管采用任何方法去达到自己的目的，都需要有物质存在或途径，而且这些物质存在一定是采用方法时所需要的特定物质，如果物质存在发生改变，则方法也会发生改变。同样，物质的形状和位置也即形态，也要根据方法中的要求来决定，如果形态发生变化，则方法也会随之改变。

方法是人们要使之变为行动去达到人的某种目的时，才需要物质和形态，如果方法只是停留在纸上或是人的大脑中，是不需要物质和形态的。

第三节　方法的评定

方法的评定，主要就是好与差的评定。其标准，就是看你所采用的方法，能不能满足你的需求，达到你的目的。能满足你的需求、达到你的目的的，就是好方法，达不到的就是差方法，如果给你带来损失和伤害的，那就是坏方法。

能不能评定为好方法，当然有许多的具体要求，最主要的有下列这些标准：

1.要看方法的实际效果

如果你所采用的方法，能够得到你的满意，达到你的目的，取得的效果特别好，那就是好方法。效果一般，那就只能说是一般的方法。如果得不到你的满意、效果比较差，那就是差方法了。

有一位58岁的老年妇女，在电视台介绍她的情况时说：她以前的身体不好，得了病，先后进了多次医院，住了长达三年多的院，还未完全好，反复发作。疾病经常折磨她，让她非常痛苦。她有一个迫切的愿望与需求，就是希望自己的身体健康好起来，这也是她要达到的最大的目的。

医院实在是住厌烦了，于是她决定改变方法，不再进医院，她突然萌发了一个大胆的设想，就是出去锻炼：跳街舞。一般来说，街舞只有小伙子小姑娘才会跳，因为运动量大、刺激也大。她就是想用这种大运动量来刺激自己的身体，用锻炼身体的方法，来使自己的身体好起来并恢复健康。

于是她每天坚持出去跳街舞。开始跟那些小伙子小姑娘学，学会了就一个人自己跳。不管身体上有痛还是劳累，她都坚持大幅度地跳，不到规定的时间不回家。在她的艰苦努力和顽强坚持下，她慢慢地适应了跳这种街舞，而且技术提高了，跳得很好，不亚于那些小伙子小姑娘们了。天天在外面跳街舞，精神状态好起来了，经过一段时间，她的病也慢慢地好起来了，最后身上的疾病竟完全好了，身体恢复了健康。她采用的这种方法，达到了健康的目的，而且效果非常好，所以是种好方法。

当然，这种方法对她的那种病来说是一种好方法，但对其他病来说，就不一定是好方法了。比如说，得了胃溃疡穿孔这种急性病，你就必须马上进院动手术，否则就有生命危险，如果还要去跳街舞，你的命就有可能要丢在大马路上了，这就是一种最坏的方法了。

2.要看方法的经济效益

你所采用的方法，能为你取得较好的经济效益，就是好方法。如果经济效益比你预想的还要好，甚至超出了你的想象，那就是最好的方法了。如果经济效益比较差，达不到你预想的结果，那就是差方法，如果还造成了亏损，那就是坏方法了。

接着讲一个商店老板卖强力胶水的故事。他先后采用了两种方法来推销他的新产品：强力胶水。他开始使用的方法是，把强力胶水跟其他商品放在一起，都摆在柜台上，等待顾客自己去买。因为这种胶水没有什么名气，顾客也不了解，买的人很少，效益很差，达不到老板的目的，是种差方法。老板苦思闷想，终于想出了第二种方法：他拿一块大金币用这种胶水粘贴在大门边的墙上，并贴出告示：这块金币值很多钱，是用这种强力胶水粘贴上去的，谁能用手拔下来，就归其所有。因此引起了轰动，来了很多人，大家才知道有这种胶水，买的人很多，老板赚了很多的钱，取得较好的经济效益。这就是一种很好的销售方法。

3.要看方法是否简单方便

我们的各种方法，假如功能、效果、效益都一样，那就要求越简单越好，越方便越好。有些方法原来很复杂，经过人们的不断改进后，就变得比较简单了。例如，中国汉字，原来都是繁写体，很复杂、很难写，后来国家组织专家把它改为简体字，简单多了，也好写多了。还有原来很多不方便的地方，经过人们的不断改进，也变得方便多了。可以肯定的是，在功能、效果、效益都一样的情况下，简单的方法要比复杂的方法好，方便的方法要比不方便的方法好。

雨伞是木工祖师鲁班发明的。鲁班经常要去外面干活，他老婆云氏每天要给他送饭，路上经常淋雨，鲁班心疼老婆，就在沿路建了一些亭子供他老婆躲雨。但亭子相隔总是有点距离的，有时雨下得很急，跑不赢还是要淋雨的。有一次他老婆在淋雨后突发灵感，说："要是有一个可以带着走的活动的亭子就好了。"就是这句话，也启发了鲁班的灵感，通过构思设想，鲁班把雨伞发明出来了。雨伞肯定要比亭子简单方便多了，他妻子撑着雨伞肯定很高兴很满足。当然也有说法是他妻子云氏发明的，不管怎样，古人的聪明才智会给我们很多启发和借鉴。

上世纪50年代，有一个大学老教授从人体肘关节能屈能伸受到启发，想到若能根据这种原理，制造一种能折叠的雨伞，人们携带起来就方便多了。于是他设计出了雨伞图纸，设计了加工模具，制订了生产流程，找到了一个机械加工厂，协议让该厂生产及出售。这种雨伞打开来很大，折起来很小，放在背包里，携带很方便，人人都喜欢，一下子就在全国打开了市场。雨伞可以折叠确实是种好方法。

4.要看方法是否独特巧妙

为了同样的目的，使用同样方法的人很多，也是常有的事情，没有谁觉得奇怪。如果你能积极地对世界万物进行认知，积累了丰富的知识，又善于动脑筋，勤于思考、敢于设想，能发明出比别人更巧妙、更奇特、效果比别人更好的方法来，那肯定对社会贡献很大，自己的人生也会有所受益。

前面讲过美国画家李浦曼的故事，他老是为找不到橡皮擦的事而苦恼。有一天他突然产生了灵感，想到了两个方法。一个方法是用细绳子把橡皮擦吊在铅笔头上，但晃来晃去，不好用也不好看，显然这不是好方法。于是他又想到了第二种方法，用一块小薄铁皮把橡皮擦固定在铅笔头上，发现既好看又好用。于是他申请了专利，卖了55万美元巨款，他画画不赚钱，但卖铅笔专利却发了大财，可以过上衣食无忧的富裕生活了。世界上画画的人很多，找不到橡皮擦的人也很多，只有李浦曼一个人想到了用薄铁皮把橡皮擦固定在铅笔头的方法，奇特、巧妙，确实是个好方法。

5.要看方法是否先进

社会在不断发展，人类也在不断进步，我们的方法也必然是要越来越先进，新方法肯定要比老方法先进。事实上，现在所有的新方法基本上都要比老方法先进，这也是历史发展的规律。假如新方法比老方法还要落后，那发明这种方法也就没有什么意义了。

现在科学技术发展最快的当数手机了，各种新发明和通讯新方法新手段新媒介层出不穷。以前只有固定电话，打电话一定要到办公室、家里或公共电话亭，否则打不了电话。接着有了BP机，比较小，可以放在身上的衣服兜里，有人给你打电话，会提醒并会显示电话号码，你可到附近找电话机回个电话就可以了。

后来有了大哥大，是真正意义上的移动电话，但体积很大，跟一个大榔头差不多，衣服荷包放不下，只能放在手提包里。而且很贵，要两三万元钱一个，那个时候的两三万元钱可是个大数字，普通人买不起，只有那些大老板才会买。当时要是有个大哥大电话，会显得很神气、很高贵，是一种有身份的象征，大家都会很羡慕。

没多久，人们对大哥大作了改进，体积缩小了很多，成了小手机，很小，可放进衣服荷包里了。但功能还是很少，跟以前一样，只能打电话。

人们又接着不断改进，加进了许多功能，成了智能手机。可以发信息、发微信、上网查资料、看电影、看电视剧，小孩最喜欢的是看动画片。现在电话都很少打了，都是面对面直接视频了。它还有一个更大的功能是搞直播，直接在网上卖东西，山沟里的产品都可以卖到世界各地了。手机的这些功能即新方法越来越先进了，确实是便捷实用。

现在的电视台、电视机都很先进，电影制作也可以用电脑了，有些危险动作、危险场景直接用电脑制作，不需要人拿生命去冒险了。很早的电影都是无声的、黑白的，后来改进了，才成了现在的彩色电影。想当初，我小学六年才只看了一场电影，而且是黑白的，还是学校组织全体师生走了10里路到县城电影院才看到的，全体学生都高兴得欢呼跳跃。刚上初中第一个学期放假，我到爸爸那里去住了几天，天天晚上到电影院门口去，没有钱买票，等到最后没人了就偷偷地溜进去，躲在边上一连看了四个晚上，高兴得要命。现在家家户户都有电视机。全国近百个电视台，想看什么台、想看什么节目，可随便调节，确实太先进了。

6.要看方法是否能普及推广

如果你发明的方法能普及推广，让大家都能用，能给大家带来好处、带来方便，带来享受、幸福，带来效益、能降低劳动强度、提高生产和工作效率、美化生活环境，给社会带来发展和进步，那才是真正的好的方法，如袁隆平通过三系配套的方法，培育出了优质高产的杂交水稻新品种，让水稻亩产由原来的二三百公斤，提高到上千公斤，最高的达到近1600公斤，翻了五六倍。关键是他的杂交水稻新品种可以大面积推广使用，不但全中国推广，全世界都有几十个国家在推广使用。目前世界人口在不断增加，土地面积日益减少，吃饭成了世界性的最大问题，袁隆平采用这种方法培育出高产水稻新品种，无疑为解决这个世界难题提供了很大的帮助，为人类、为社会的进步和发展作出了巨大的贡献。

现在家家户户都在使用的电冰箱、洗衣机、电视机、煤气灶、油烟机、自行车、汽车，等等，一种新产品就是一种新方法的应用，都可以全面推广使用，为人类社会带来了进步和发展。

第四节　方法的学习

人类各种各样的目的有许许多多，同样，人类为达到这些目的而采用的各种各样的方法，也有许许多多，而且还会更多。这许许多多的各种各样的方法是怎样得到的呢？

每一种方法都是通过人的大脑想出来的，但作为个人来说，他所采用的方法，只有极少数是他自己想出来的，而极大部分的方法都是从别的地方学来的。有的是从父母及家人那里学来的，有的是从学校老师那里学来的，有的是从单位的师傅和领导那里学来的，有的是从朋友及其他人那里学来的。连神话传说中孙悟空的七十二变和腾云驾雾等许多本事方法都是跟高人师傅学来的，或者是作家想象创造出来的。而现实生活中有的方法是通过我们看书、看报、看杂志，或是看其他各种资料受到启发自己学来的，有的是通过看电视、看手机、看网络学来的，以及其他一些场合和机会借鉴来的。当然，这些学来的方法也是别人或前人的大脑中想出来的。

一个人的时间和精力都是有限的，不是所有的方法都能自己想得出来，实际上只有极少数的方法是自己想出来的，而绝大部分的方法，是从别的地方学来的。因为学习也是一种手段、途径和方法，比创造设想一种方法，要简单得多、容易得多。用别人的方法直接去达到自己的目的，速度更快，效果更好，可以节省很多的时间和精力。这也是一种生存方法，一种取得方法的有效途径。

方法是可以通过不断学习来积累的。一个人，假如从小就会抓紧时间，积极地学习积累各种方法，学习和积累的方法越多，他就显得越聪明。我们平时所说的那些知识渊博、水平高、能力强、能办事，而且能办大事的人，都是那些学习和积累方法比较多的人。学习和积累的方法越多的人，办事能力就越强，办事的效率就更高，办事的效果就更好。因为他一遇到事情，就可以直接运用以前学到的好方法进行处理，问题很快就会得到解决，目的很快就能达到，而且效果更好，就会得到更多人的尊敬和羡慕，成了别人心目中的成功人士和英模人物。

有的人不爱学习，积累的方法很少，这种人遇到事情、遇到问题，就会不知道怎么办。因为没有方法，遇到问题解决不了，遇到事情做不了，他的许多目的也就达不到，很多机会就会错失。这种人就会显得很傻，会被别人骂为笨蛋。

当然，一个人聪明不聪明，跟他的智商也有一定的关系。所谓智商就是一个人的理解能力和记忆能力等，是人们认识客观事物并运用知识解决实际问题的能力，是一个人智能和智慧的表现。智商高的人，学习和掌握方法的效果好、速度快，而智商低的人学习和掌握方法的速度慢、效果差。在同样的情况下，智商高的人可以学习和掌握10种方法，而智商低的人也许只能学习和掌握7~8种，甚至更少。同一个教室同一个老师上课，但考试成绩不一样，智商高的人，考试成绩要好些，智商低的人考试成绩就会要差一些。当然，还跟人的努不努力有关系，努力的人成绩要好些，不努力的人成绩肯定要差些。

有的人虽然智商低一点，但他很勤快，肯努力学习和掌握一些方法，遇到事情能用已学到的方法去解决，从而达到自己的目的，别人也会说他很聪明。而有些人，虽然智商要高些，但他很懒，不肯去学习和掌握所需的一些方法，遇到事情没有方法，不知道怎样去解决，达不到自己的目的。虽然他的智商高一点，但别人还是会骂他笨，因为他办不成事情。

人类从猿人进化到现代人，经历了数万年，有文字记载的也有五千多年。在这漫长的历史年代中，人类创造和发明了许许多多各种各样的方法，这许许多多的方法，有的是通过言传身教，一代接着一代地传承了下来，有的是用文字和图画记载下来，印成了各种书籍供后代学习传承。这许许多多各种各样的好方法，推动了人类的进步，促进了社会的发展。现代人富裕幸福的生活，主要是靠前人所发明创造的好方法，在科技进步的基础上艰辛奋斗，勤奋劳动，从而达到了自己所要达到的各种目的而实现的。

人类祖先，特别有名的是，中国人的祖先神农氏，最早创造发明了农业种植的方法，从而启发后人不断发明了水稻、麦子、高粱、大豆、青菜、瓜果及各种粮食和蔬菜的种植方法，创造发明了猪、牛、羊、马、鸡、鸭、鱼等各种动物的饲养方法，创造发明了用火去煮、蒸、烹、炒等方法制作各种美味佳肴供人们食用。随着社会进步，还创造发明了用各种不同的矿石，冶炼成了金、银、铜、铁等各种金属材料的方法，并用各种金属材料又制成镰刀、锄头等各种不同工具的生产方法；创造发明了拖拉机、联合收割机、发电机、机械加工机床等各种机器设备的制造方法；创造发明了汽车、火车、轮船、飞机、火箭、宇宙飞船等各种交通工具的制造方法。特别是近现代，人们又创造发明了电子计算机、电脑、网络、电话交换机、手机等各种自动控制和通讯设备的制造方法，更是让人类社会得到了飞跃式的发展。

在各个行业各个领域，人类都创造发明了许许多多各种各样的好方法。如人类创造研发了各种药物，包括中药、西药，以及各种医疗器械设备用于治疗人的各种疾病的方法，可以保护人的身体健康，延长人的寿命。创造设立了各种学校，用于培养和教育后代学习各种知识；创造建立各级政府机构，并制订各种各样的法律法规，用于管理整个国家，等等。

人类创造发明了文字和图画，用于记载世界万物，创造发明了用各种不同的声音表达世界万物和可以用于相互沟通的方法，这才是人类可以高速发展的基础。文字语言，是用各种不同的笔画组成的可以书写的各种不同的符号，一个文字可以代表一种物质，也可以表达一种意思，用很多的文字组成一句话，写成一篇文章或是写成一本书，可以把世界上的物质和事情，包括人自己的各种思想，都能表达出来，让别的人都能看得懂、记得住、学会运用。还有一种是用嘴巴发出的不同的声音，也就是用说话来表达的各种不同的文字。一种声音表示一个文字，用不同的声音说出来的一句话，或作出来的长篇报告，也是可以把世界上的所有物质和事情都能表达出来，让别人都听得懂，可以进行相互之间的交流沟通。

一个文字既可以用笔画写出来，也可以用声音说出来，这是两种不同的表达方法，可以用写在纸上的一句话或是一篇文章的方法，来描述一种物质、一件事情、一种现象或一种思想。自从人类发明了既可以用笔画书写、也可以用声音说出来的文字及语言，以及可以对世界万物进行描绘的图画，对人类传播和学习各种知识帮助实在是太大了，世界上无数的书、录音及影像资料，记录和传播着人类所有的智慧和知识，有力地推动了人类社会高速向前发展。

用笔画书写文字、用声音表达文字、用图画描绘世界万物，是人类认知世界的一种最好的方法，也是一种必需的基础。如果你没有文化，一个字都不认识，对你去认知世界，去寻找好的生存生活方法，将会带来巨大的困难，因为你无法去看充满各种知识的书，也无法记录你对世界的各种认知，虽然一个人记忆力是非常巨大的，但一个人一时的连续性记忆力却是有限的。特别是在文化高度发达的现代社会，生存生活显得更为困难，所以我们一定要努力学好各种文化及其运用。

中国古代大医药学家、"药王"孙思邈在七十五岁时写出了《千金方》，在他一百零一岁临死前又写出了续编《千金翼方》这两本医学巨著。他用文字和图画，详细记载介绍药物八百七十三种，详细记载介绍了能治疗妇女、儿童、内科、外科、五官、伤寒、肝、贤、脾、肠、胃等各种疾病的医疗配方五千三百多种，详细记载了针灸法和经脉穴位三百四十九个。既有对各种药物和疾病的认知，又有治病的各种方法，内容极其丰富。后人通过学习，了解和掌握了对各种药物和疾病的认知以及治病的各种方法，治好了许多人的病，也救了很多人的命，世世代代流传下来，为我国医疗事业作出了巨大的贡献，还被求学者带到了日本、韩国等世界各地。

人类通过漫长的时代发展，创造发明的各种各样的方法实在太多了，而每个人的时间和精力是很有限的，不是所有的方法都有机会去学习和掌握，也根本就学习和掌握不过来。于是人类又创造发明了划分为行业、专业和分工的方法。当今划分的行业已有数千个，每一个人基本上都是在一个行业内工作，而一个行业内又有各种不同的分工。一个人基本是做一种工作，这就是所谓的专业化，因为只有采用专业化的方法才可以做到效率最高。所以人们只要学习和掌握本专业的方法就可以了。

一个人学习掌握的方法越多，他的知识就越丰富，水平就越高，能力就越强，他就能办很多事情，而且成功率很高。这些人就会被称为"权威""能人""专家"等。各行各业优秀的人物，比如政治家、军事家、教育家、技术专家、农艺师、农业专家、医师、医疗专家，等等。他们会受到尊敬，受到欢迎，大家也都会希望得到他们的帮助。他们学习和掌握的方法很多，更容易处理问题，也可以帮助别人，因此他们的收入高，生活自然就更富裕、更幸福。

人类所有的知识，都可以分为两大类：一类是人类对自然世界万物的认知。所谓认知，就是对世界上每一种物体的外貌形状、内部结构、组成原理、性能特点、变化趋势、运动规律、与其他物质的相连关系、利用价值等情况，当然也包括世界上各种物理现象、人类自己的各种思想意识、发生的各种事情和故事，等等，都可以用文字叙述得准确完整详细，用图像描绘形象逼真清楚。这些文字叙述、图画描绘印刷在各种书中，世代相传，能让别人和后代看得懂、学得会、知道利用。这就是人们平常所说的知识，也就是人们对世界万物的认知。另一大类，就是人类创造发明许许多多各种各样的方法。是人类为满足自己各种各样的愿望与需求，也就是各种目的，根据自己对自然界各种物质的认知而创造发明出来的许许多多的方法。这些方法同样可以用文字叙述清楚完整、用图画描绘形象准确，并把这些方法刻印在各种书中，铭记在人们的大脑中，代代相传。方便人们学习、熟悉和掌握运用。不管以后人们有什么需求、都可以从中找出相对应的好方法来，采用并达到自己的各种目的。

所有的知识里面，一般都包含有人类对世界万物的认知和为自身生存所需要使用的方法这两种内容，在记载中也都是混合在一起表达的。一般来讲认知更多，而方法相对要少些，因为方法是要从认知中寻找和产生出来的。要寻找和设想出生活中需要的方法，首先就要对与方法相关的物质进行认知。就要把与方法相关的物质都找出来，然后对每一种物质的外貌特征、内部结构、所用材料、运行规律、发展趋势、性能特点、与其他物质的相连关系、利用价值等情况要摸索清楚、了解透彻，熟悉和掌握，知道怎样才能充分利用其价值使用。没有认知，是找不到方法的，也想不出任何方法来。

那些专家学者，在书中写某种方法时，首先就要把与方法相关的各种物质、条件、环境、规律、利用价值等各种情况的认知全部表达清楚，之后才能把方法表述出来，否则人们不知道方法从何而来，也不知道怎样运用。所以，写方法一定要写认知，哪怕只是写某些事物认知方面的书，自己没有找出有用的方法，那也是为别人和以后的人寻找方法作出准备。因为对世界万物的认知，是为寻找方法作准备的。

实际上，我们对世界万物的认知越多越好，越广越好，越丰富越好。你的认知越多，也就是知识越丰富，这就为以后寻找新的方法打下了良好的基础。有了这些基础，当你以后需要时，就可以很快地很方便地从这些丰富的知识中寻找到新的好方法，而不会像无头苍蝇一样，瞎头乱撞。所谓"熟能生巧"，其中有一种含义就是，只有你对世界的物质认识了、熟悉了，你才能从里面找出和想出巧妙的好方法来，利用和处理得更为熟练、巧妙。

所有书本上的知识、网络载体里的知识等，都要通过学习和掌握变成你自己大脑里的知识，才会有用，否则书中的知识再多再好，也是没有用的，因为你大脑中没有这些知识，也不会运用，更不知道怎样运用。为什么我们的小孩从小就要进入各种学校，从小学读到大学，花十多年的时间，让许多的老师教他们，就是要把书本上的知识变成学生大脑中的知识。要让祖先们创造发明的各种好方法铭记在学生大脑中，长大后能够熟练地运用，去达到各自的各种目的，认识世界，改变世界。

近些年来，自从网络出现以后，人们说得最多是"信息"，用"信息"二字代替了"知识"二字。实际上，信息也同样是包含了人类对物质世界的认知和为达目的而需采用的各种方法这两方面的内容，它主要是传播的速度非常之快，瞬间可以传遍全世界，所以才会用信息二字，而以前的知识主要是靠书本来传播，速度是缓慢的。

在对世界万物的认知方面，唐代著名医药家李时珍堪称我们的典范。他用了三十多年的时间，花费了一辈子的心血和毕生精力写成了流传后世的《本草纲目》这本著名的医药学巨著。

在这本巨著中，他就是用文字把1892种药物、11096个治病药方，并把那些药物的外貌形状、生长规律、性能特点、药用价值、能治什么病，全部记录下来了，还精心绘制了1160种药物的插图，便于人们学习和理解这些药物的特性和治病的方法。他逝世三年后被印成了书，流传于世，甚至普及到了世界各地。后人一看就明白了，就可以直接用这些药物和药方去治病了，救活了无数人的生命。

他不但收集整理了前人的各种药物，还新增了药物347种，新增治病的各种药方是旧药书的4倍，他还对前人的各种药物和药方进行了梳理，对前人错误的地方进行了纠正，对同药不同名的地方进行了名称统一。

他对每种药物生长的地区与地理环境要求，高矮粗细、叶子与花瓣的形状、颜色、数量等外貌特点，什么时候发芽、什么时候开花、什么时候结果等长势特征，是药物的根部还是它的叶子或是花瓣才可以治病，可治疗什么疾病，有哪些药理药性，要用哪几种药物放在一起组合成配方药治病效果更好；每一种药服用的量是多少；是煎汤喝，还是捣碎外敷；什么时候服药最好等这些情况，都了解得很仔细、很清楚、很全面，在书中作了很详细的描述，并配以图画作了说明。

他经常到各地甚至深山老林中去观看药物的生长情况，到有经验的农民家中请教药物的治病情况，并有好多药物是他自己亲口尝试，以了解和验证药物的药效和疗效。

李时珍为了对各种药物进行认知，花费了无数的心血和精力，历尽千辛万苦，取得了异常丰富的知识。使得他有能力、有条件、有机会创造出许多能治病的药方，也即治病的方法。如果当时可以申请专利，他所取得的专利数，估计会比世界发明大王爱迪生的多，爱迪生能被称为发明大王，是一生中拥有2000多项发明、1000多项发明专利。而李时珍所发明的药物配方都是能申请专利的。爱迪生发明的电灯给人类带来了光明和方便，而李时珍发明的药物和配方则给人类的生命带来了安全和健康。

第五节 方法的寻找

1.从自己的大脑中寻找好方法

为了生存生活下去，人一生中有各种各样的目的要实现，而且每天都有一些目的要实现，每一个目的的实现，都必须要找到一种方法。方法到哪里去找呢？首先要从自己的大脑中去找。因为人一出生，从小就跟着父母和家人学说话、学走路、学各种生活常识。长大一点，就要到学校去跟老师学写字、学算数、学画画、学写文章、学各种专业技术知识，参加工作后在单位跟师傅、同事学习，自己平时也不停地看各种书报、杂志等，在大脑中记忆积累了许许多多各种各样的知识，其中，既有对世界万物的各种认知，也有为达各种目的而需采用的各种方法。我们平时生活和工作中所遇到的大部分的问题，都可以从大脑记忆中找到好的方法去解决。

能从自己的大脑中直接找到好方法去达到各种目的，是一种最快捷、方便的运用。

在日常生活中，有些目的简单，方法也简单。还有些情况下，你对某个环境中的所有物质及物质的形态都很熟悉，有着丰富的认知，当你有某种目的要实现时，就可以凭着对环境和物态的熟悉掌握和认知，在大脑中设想出一些方法来，应用并达到目的。

例如，在一块水稻田中长了不少野草，这些野草的大小、样子及颜色，跟水稻禾苗比较相似，又夹杂长在一起，有点难以分辨。但你对水稻禾苗非常熟悉，一眼就可以看出哪些是水稻禾苗，哪些是杂草，就会采用拔除的方法，把杂草清除掉，避免野草跟水稻禾苗争肥抢水，影响生长。

有些长期从事反扒工作的便衣公安人员，经验特别丰富，他只要往公共汽车里一站，仔细地观察一下，就可以知道车厢里有没有扒手。因为他通过观察一个人的眼神和行为动作，就可以判断这个人是不是扒手。如果车厢里有，他就会时刻注意，只要扒手一动，去偷别人的东西，他就会想方设法把这个扒手抓起来，达到维护社会治安、保护人们财产安全的目的。

有些目的难度比较大，要用的方法更是复杂，但只要学过熟悉了，同样可以从自己的大脑中把这些方法找出来，直接运用去达到我们的目的。例如要盖一座办公大楼，虽然这座办公大楼结构复杂，但那些技术人员学过房屋的建筑设计方法，并记忆在他的大脑中，他就可以把大楼的图纸设计出来；而那些建筑工人也熟悉房屋的建筑方法，并记忆在大脑中，他们同样可以按照图纸的设计，直接用那些建筑方法把办公大楼建起来。

2.从别人的帮助中寻找好方法

有些目的，在我们的大脑中找不到好方法去实现，是因为我们以前没有学习过，也没有接触和了解过。那我们可以去寻求别人的帮助，去寻找那些在这方面知识很丰富的专家和能人为我们提供帮助，请求他们给我们提供好的方法，让我们去学习并掌握，达到目的。

在社会高度发达的今天，新生的各行各业越来越多，而一个人的时间和精力是有限的，不可能所有的专业都去学，所有的行业都去干，所有的方法都掌握得了。所以有许多的方法我们是不会的，也是没有时间去学的，必须求助于别人的帮助。因而人类社会是需要互帮互助的。

如一个人生了病，就必须到医院去找医生给你看病。医生会根据你的病情开出药方，你要根据医生提供的治疗方法去买药，按时按量把药吃了，病才会慢慢地好起来。如果你不按医生的方法去治病，你的病就会越来越严重，有些病情的发展还会导致生命有危险。医生能为你提供治病的方法，他就是这方面的专家能人。

我们每天都用电脑工作。假如有一天，你的电脑坏了，而且是硬件坏了，电脑无法工作了，如果是政府工作的电脑，文件打印不出来，各种指示传达不下去，会影响到政府的工作的；如果是工厂生产线上的控制电脑，则会影响到工厂停工停产，损失是很大的。而你只是学会了各种软件操作，不懂得电脑硬件维修，你就必须去请懂得电脑硬件维修的技术人员来修。因为他们懂得各种电脑硬件的维修方法，可以请他们把电脑修好，恢复正常的工作。

有一个东北女青年，没有固定的职业，只做点小生意。她妈妈是个土郎中，开了一个民间刮痧小店。由于文化水平低，医疗技术不高，只能用手工刮痧的简单方法治疗一些小病，病人少，收入也低。她妈妈要她接班，她看不上眼，不愿接。

有一次，她到北京去办点事。当她路过一个中医研究院的大门口，看见了一张告示：由某某博士主讲，开办刮痧疗法讲座。她觉得很惊奇，一个小小的民间刮痧土疗法，竟然是由一个高等研究院的博士来讲课。而且门票要300元钱一张，在当时来讲，这个价钱确实很高，但为了满足自己的好奇心，她狠心花了300元钱买了一张票进去听了课。这一下让她大开了眼界，获得了很多的知识，彻底改变了她以前对刮痧疗法的看法。后来她父亲去世，妈妈想关闭这家诊所。她毅然接管了诊所，并花钱又到北京去学习了四个多月的刮痧疗法相关知识。回去后，她又招了人，扩大了诊所，自己举办了培训班主讲，并对新招的员工进行了系统的培训。她接着开办了多家分店，举办了多期培训班，甚至把分店开到了法国，向国外发展。

只因一个偶然的机会，听了那位博士的课，这位青年获得了许多相关疾病的认知，学会了刮痧治病的一些方法；同时她也学会了开办培训班，并设想出了开办分店的好方法，才让她的刮痧事业开展得红红火火、风生水起，取得了很好的经济效益。可见，那位博士是帮这位年轻人打开眼界获得知识的人，也是她的贵人。而正是因为她自己开动脑筋，寻找到了创业的方法，她才取得了成功。所以，人要善于学习利用，掌握知识，转化为自己的生存方法，从中可以受益无穷。

在自己不懂的情况下，能请到高人帮忙是最好的办法，无论是学习还是在问题的处理上，都能取得事半功倍的效果。

3.从书本和网络等媒体中去寻找好方法

当我们为达目的遇到了问题时，自己不懂，又找不到能人帮助的情况下，可以到图书馆等地借阅相关书籍。能写书的人都是水平高、知识丰富的人，他会把对事物的认知都写进书里去，他的认知应该是比较全面、详细、准确的，同时，他也会把处理问题的各种方法，特别是他认为的好方法写进去。有些我们平时不太清楚的地方，原来怎么也搞不明白的地方，甚至动了很多脑筋也没有找到原因的地方，当我们看了书以后，会大开眼界，豁然开朗，终于知道了答案、事情的真相和原因，从中找到可帮助我们解决问题的好方法，会让我们惊喜异常。

通过看书学习，我们可以很快地了解事物的形象外在及其本质，并能找到处理问题的方法。当然，并不是所有的书一看就懂，有些书是我们一下子还看不懂的，要反复看、反复磨，慢慢一点一点地去弄懂，有些还要我们多找几本类似的书，相互验证才能搞清楚。

世界上各种各样的书很多，有古今中外不同方面的书，每本书中都写出了对世界上各种物质的认知和处理各种问题的方法，知识量极其巨大丰富，浩如汪洋大海。有很多人在自己不懂，又无法处理一些困难和问题的时候，都是喜欢去找书看的，一边看书学习，一边在实践中摸索了解，最终找到好的方法去处理问题、解决问题。有不少人就是通过不断地看书，不断地丰富自己、提高自己，从而变成成功人士的。

我从小就喜欢看书，所以也喜欢搜集和购买各种书籍，只要是看到喜欢的书、自认为有用的书，就一定会想办法把它买回家去。早在学校读书的时候，由于特殊形势发展的原因，暂时停课了一段时间，没有课上了，我就买了一些专业技术书自己学。我还按照书上的要求，到商店去买了一些零件，学着自己安装收音机，由简单构件开始，最后可以安装比较复杂、比较高级的超外差式收音机了。当时市面上还没有集成电路元件，也没有电视机，超外差式收音机就算高端产品了。我还帮一些同学安装了收音机，收音机坏了，还免费帮他们修理。参加工作以后，我一直不停地看书，学习各种专业技术知识，写了很多本厚厚的学习笔记，装满了一个旅行袋。我一直从事技术方面的工作，通过看书学习，对我的工作确实有很大的帮助，在这方面我是深有体会的。直到担任单位领导后，因工作实在太忙，不得不放弃专业技术方面的学习。

现在网络技术非常发达，只要打开手机或电脑，就可以学到各种各样的知识。网上有许多搜索用的软件，是花费了无数的人力和物力，把各方面各种各样的知识都寻找汇集起来，安装在这些软件里，信息量非常巨大。各种各样的知识非常丰富，既有对事物的各种认知，也有处理问题的各种方法。当你遇到有些事情不太清楚、有些问题不会处理的时候，就可以直接到搜索软件中去查找，大部分情况下都是可以找到你所需要的答案和方法的，能帮你解决问题，达到目的，非常地方便。

4.从在对事物的认知和摸索中去寻找好的方法

当我们有某种目的需要达到时，但在我们的大脑中、书本上、网络上一时又都找不到好方法去实现，也没有贵人相助，这时我们可以直接研究与实现目的相关的各种物质及其形态，不断地摸索和了解，当我们把这些物态都搞清楚了、了解熟悉了，就可以从中找出有效的好方法，达到我们的目的。

所谓"百闻不如一见"，就是说，有些事情听别人说一百次，还不如自己见一次，因为光听，只是一些模糊的概念。比如，有人跟你说了一百次大象的样子，但你从来没有见过大象，也没有见过大象的照片，包括各种画像、视频，你大脑中对大象的印象肯定还是模糊的。你只有见过一次真正的大象，大脑中才会留下其真实形象。

还有一句俗话说："看十次，不如做一次。"你看别人做十次，没有学会，而你自己只要动手做一次，就可能学会了。有些事情光看是学不会的，哪怕是看一辈子也不一定学会，只有自己动手去做了，你才有可能学会。如学拉手风琴，你天天去看别人拉，也听别人介绍说怎样拉手风琴，哪怕是你看一辈子、听一辈子，照样不会拉，你只有拿着手风琴自己去学、自己去练，还要在老师的指导下反反复复地去练习才能学会，才能拉出好听的歌曲来。

世界上有很多事情都跟学手风琴一样，都必须自己动手去做才能学得会，才能知道自己该用哪些方法去达到目的。如学滑冰一样，哪怕你天天都去看世界冠军滑冰，天天听世界冠军给你讲如何滑冰，而你自己从不穿溜冰鞋去滑，那你是一辈子也学不会滑冰的。

现实中有很多的人，都是在对事物不断的接触认知中、摸索实践中，才积累了许多的经验、掌握了丰富的知识、找到不少好方法，从而达到自己的各种目的。

有一个老板投资建设了一个粉丝加工厂。刚开始，出粉率一般都在百分之四十六左右。但后来不知道怎么回事降到了百分之四十。出粉率降低了百分之六，等于是利润降低了百分之六，这是一个不小的损失，老板很着急。

于是老板就到车间去开会进行探讨，并带领工人们寻找原因、分析问题可能出在什么地方，只有找出了原因，才能提出改进的方法。

有人提出：是不是豆子没有磨碎，影响了出粉率？于是大家把磨豆子的速度放得很慢，把豆子磨得很碎，打浆水时也十分地小心，不至于泄漏。但出粉率仍不得提高，说明问题不出在这里。

老板又去豆子浸泡车间找工人们寻找原因。但浸泡车间每天都是按照固定的水量、固定的时间浸泡豆子的，一直没有变化，也不知道是什么原因。

突然有一天，有位工人师傅发现浸泡的豆子中有发了芽的。他进一步想到，豆子发了芽，那些芽是肯定出不了粉的，而且那些芽还要消耗豆子中的淀粉，出粉率肯定要降低，问题应该出在这里。

老板就在车间里跟大家一起商量分析，豆子是什么原因发了芽，以前不发芽，为什么现在会发芽？经过大家反复研究商讨、集思广益，得出的一个结论是，现在已经快到夏天了，气温高了，所以豆子就发芽了。

既然问题找到了，就要想出解决问题的方法。天气温度他们是改变不了的，他们也一直用的是自来水浸泡的，也不好改变，于是决定用改变浸泡时间的方法来解决豆子发芽的问题。他们开始反复做试验，原来的时间是两天四十八个小时，改为一天半三十六小时，出粉率达到百分四十八，还提高了两个百分点，接着又改为一天二十四小时，出粉率只有百分之四十，又降低了，浸泡时间短，说明豆子没有泡透，也会影响出粉率。

通过反复的各种试验，他们终于摸索和整理出了一年之中各个季节不同气温条件下的豆子浸泡时间表，如冬天最冷时的浸泡时间是四十八小时，夏天最热时浸泡时间是二十四小时，春天和秋天气候温暖时的浸泡时间是三十六小时，多少温度情况下应该浸泡多少时间，在这张表中列得清清楚楚，大家都严格按照表中的要求来施工。还试验搞出了一些新的好方法，如冬天最冷时为了减少浸泡时间，可以加一点热水提高水温，夏天为了让豆子泡透，加点冷水，降低水温延长浸泡时间，通过采用这些好方法取得了很好的效果。

后来，他们在实际操作中，通过反复的试验，又不断摸索并找出了一整套浸泡豆子的好方法。在不同的季节、不同的温度情况下采用不同的浸泡豆子的好方法，让豆子的出粉率一下子提高到百分之五十三，出粉率不但没有降低，比原来还提高了七个百分点，也就是经济效益提高了七个百分点，目的达到了，老板很高兴。

从以上的例子中可以看到，有许多事情，只有在实际的摸索和认知中，才能找到更好的方法去达到目的。

第六节　方法的创新

1. 创新方法是时代发展的需要

虽然社会现在是进步了，发展了，但我们不可能永远地停留在现有的水平上，还要不断地向前发展，将来的社会肯定要比现在更发达、更先进，水平更高，这是历史发展的必然规律，而且是谁也违背不了的历史规律。所以，我们必须要创新，所谓创新，就是用新方法去代替老方法。

例如，洗衣服的方法，就是不断变化发展的。古代人穿的是树叶，后来用兽皮做衣服，是不洗的，穿坏了就扔了。再后来，人们发明了种棉花的方法，用棉花纺成纱织成布再做成衣服，穿在身上既暖和又舒服。但衣服容易沾上灰尘，穿久了很脏很难看，穿在身上也不舒服，有人发明了用水洗的方法，可以把灰尘清洗掉，干净了好看了，穿在身上也舒服了。后来人们又发明了用棒槌敲打的方法，洗衣服更轻快不累了。人们无意中发现用一种叫皂树的果子泡的水润滑泡沫多，衣服洗得要干净些，接着又发明了用肥皂洗衣服的方法，洗的衣服更干净。现代人都是采用洗衣机洗衣服的方法了，只要把衣服、洗衣液和水放进去并按一下电开关就可以了，洗衣机就会自动把衣服洗干净并甩干水，更轻快了。那洗衣机是不是最好的，以后就不需要改进了呢？肯定不是，因为它用水量大、耗电量大，以后肯定还有更好的洗衣服的新方法出现。

又如，夏天太热人体降温的方法，人们最早发明了扇子，打扇子也是驱热降温的一种方法，但打扇子比较累，后来有人发明了电风扇，人们改用电风扇，而不用扇子了，因为电风扇风大凉快，而且不累；后来又发明了空调，空调既可以降温，又可以升温，整个房间想要调到多少度，就可以调到多少度。人体一般最适宜的温度是摄氏25度，空调器就可以把整个房间的温度调到25度，还可以恒温不变，人在房间里可以感到非常地舒适。用空调降温的方法确实比扇子和电风扇降温的方法好多了，这就是科技创新的结果。是不是空调机就是最好的降温机器了呢？肯定不是，它也有不足的地方，如它的外机太笨重，安装比较困难，以后肯定还会有更先进的机器出现。

就说锁吧，以前只有几种锁门的小锁，现在发展有上百种，有大的，中等的，也有小的；有钢筋的、铁链子的，还有钢丝绳的；有锁安全大铁门的，锁房间小门的，还有锁汽车的、锁摩托车的、锁自行车的、锁桌子抽屉的；有机械锁、电子锁、手印锁、脸像锁，等等。锁匙也由单向弹子变为双向和多向弹子，安全防盗性能越来越强。但小偷的技术也在提高，好多种锁他们都能轻易打开，所以我们还要研究出更坚固、保密性更强的锁，让小偷难以打开，以便更好地保护人们的财产安全。

现实中，我们还有许多不满足的地方，不舒服的地方、不方便的地方，有的地方甚至还在使用着最原始的方法，效益极其低下，急需我们去改进、去发展。因此，就要求我们不断地创造发明出更多的各种各样的新方法，去推动社会的不断向前发展，为人类带来更多更美好的幸福生活。

现在是一个创新的时代，各种新产品层出不穷，一种新产品就是一种新的生产方法和一种新的使用方法。只要走进商店，走进批发市场，你就会发现许许多多的各种各样的新产品展现在你的眼前，让你眼花缭乱。特别是各种小商品，更是千变万化。我们经常可以看到，所有人们的生活用品都在不断发生变化，品种增加、功能改善、式样更美。这些变化，都是那些从事各方面工作的人不断努力创新的结果。正是由于他们的努力创新，创造出来的各种新方法，能更快更完美地满足我们的各种需要，达到我们的各种目的，使得我们今天的家庭生活才会变得更加方便、更加美好。

2.创新方法，才能高速度发展

社会在进步，科学技术在发展，老的科学技术要淘汰，新的科学技术要代替老的，因为新的科学技术更先进、效率更高、效果更好，也更容易被人们所喜爱所采用。只有创新方法，社会才能高速度向前发展。

人们开始是用绳子打结的方法来记事算数的，即结绳记事。后来发明了用算盘来算数，上世纪人们发明了用电子计算器算数，现在国防科技大学所研发的天河二号计算机最高运算速度已达每秒钟5.49亿亿次。有许多复杂烦琐的运算，用人工的方法很多年都完不成的运算，运用计算机一下就可以解决了。用计算机算数的方法，比用绳子打结算数的方法，可谓是一步登了天，差别太大了。可见科学技术创新，特别高科技领域的技术创新，给世界带来了发展和进步，现在简直是日新月异，也充分证明了方法创新能不断带动社会的高速发展。

我们不是每一个人都有机会进入高科技领域去创新，但我们可以在其他领域去创新，特别是自己所从事的行业领域内。世界在发展，而且是全方位的发展，各个行业都可以创新，我们每个人也都可以去创新，也只有创新，我们的世界才能不断地向前发展，我们的生活才会越来越美好。因为创造出来的新方法肯定比旧方法好，会给我们的生活带来更多的好处，会给社会带来更大的进步。

有一个地区的农民原先只种水稻，收入很低，后有人采用引进国外的脐橙在荒山荒地栽培的方法，获得成功，后来在整个地区大面积推广，在所有的荒山荒地上都种上脐橙树，每年都可以收获大批量的脐橙。这种水果很甜很好吃，喜欢吃的人很多。他们又设计和制作了各种漂亮的包装箱盒，用这些纸箱盒装满脐橙销往全国各地的市场，有不少的单位过年过节的时候大批量地购买，发给职工当福利，有的人整箱地买去送亲戚朋友，或自己吃。他们把荒山荒地变成了果林，取得了很好的经济效益，这也是一种创新，一种种植方法的创新，正是这种方法的创新，带动了当地经济的高速发展。

3.方法创新首先要认知物质世界

人类想要创造发明新方法，首先就是要认知物质世界，而要真正认知物质世界，就要学会观察物质世界。观察物质世界，就要做到认真、仔细、全面。对被观察对象的外貌形状、内部结构、物质材料、变化状态、运动规律、利用价值等等，都要看得清清楚楚，了解得仔仔细细，不可遗漏。

第二是要学会分析研究，能总结出被观察对象的外貌形状特点、内部结构的形成原理、物质材料的规格性能、运动的变化规律与发展趋势，物质的可利用价值等所有情况，对所有现象和情况分析得越详细越准确，研究得越透彻越明了越好。

第三是要学会借鉴利用。当我们对被观察对象看得很清楚、了解得很透彻、分析得很到位以后，就要知道它哪些东西对我们是有用的，哪些结构原理是可以被我们模仿借鉴的，知道怎样利用这些优势为我们创造发明新的方法，提供切实有利有用的帮助。

我们还要扩大认知范围。我们认知的物质越多越好，认知的面越宽越好。你认知的物质越多、认知的面越宽，你的知识就越丰富，对你创造发明新的方法就越有帮助，你成功的机会就越多。

就像古代在北京建故宫一样。皇帝是站在全国的高度，权力大，认知的面最广。他在全国各地都有管理机构和官员队伍，全国各地的信息都会向他汇总，所以他可以调遣国内设计水平最高、工艺技术最好的工匠，可以征用又粗又长又结实的木料和颜色最好看材质最坚固的石料。他把全国最好的设计师、最好的工匠、最好的木头、最好的石头以及其他所需的最好的建筑材料，全部调动到北京集中起来了。设计师、工匠师则根据这些建筑材料，用各种最好的建筑方法，把气势恢宏、结构优美、装修豪华的故宫建起来了，达到了皇帝住用最豪华的宫殿的目的。

世界上所有的方法，都是靠人的大脑设想出来的。人对世界物质认知得越多，认知的面越广，对创造发明新方法的帮助越大。因为这是人类创造发明新方法的基础，有了这些基础，再通过启发、借鉴、利用，就可以创造更新，不断改变世界。

多动脑筋去学习去探索去认知，才会获得更多的知识，并从丰富的知识中获得灵感，从灵感中创造出新的方法，这是创造新方法的一般规律。

上世纪六十年代，在长江沿岸建了不少防护堤，堤上种了许多树木，用于巩固防护堤，不会在涨洪水时被冲垮，防止沿线的村庄和农作物被洪水淹没，给国家财产和人民的生命安全带来严重的损失。但危害树木的害虫很多，有的会把树叶吃光，让树得不到阳光的光合作用而死亡。有的会把树皮啃光，让树得不到水分和营养而死亡。有的会把树心啃光，让成片树林倒塌而亡。

当时有一个亦工亦农的年青的树林管护员，为了摸清楚病虫害的详细情况，他经常是带着干粮、水、草席子、手电筒、笔和笔记本等东西，钻进树林子里，晚上也不回家，坚持24小时观察各种病虫害的活动情况。实在太困了，就在草席上躺一下，饿了就啃点干粮，渴了就喝点凉水，不摸清楚病虫害的情况就不回家，经常是在树林子一待就是十多天。病虫害有许多种，每一种病虫害的繁殖季节不一样，有的是春天，有的是秋天；出来活动的时间不一样，有的是白天，有的是晚上；对树的损害程度也不一样，有的吃树叶，有的吃树皮、有的吃树干树心；有的数量少，钻在树皮树心里很难发现，有的数量多，一来就是漫山遍野，难以对付。刚开始的那几年，他大部分的时间都是待在树林子里面，通过非常仔细的观察了解，知道哪些虫吃叶子、哪些虫吃树皮、哪些虫吃树心，哪些虫危害大，什么时候危害，什么时候繁殖，等等，对树林中的一百多种病虫害的情况都摸得清清楚楚。

有了这些丰富的认知，对他消灭病虫害有了很大的帮助。他设想并采取了许多的好方法，根据这些病虫害的生活习性，采用了锤卵、捕捉、药杀、注射虫孔、药笔点杀、火烧、灯火诱杀、清枯、闷杀、清除浪渣、打扫落叶、以虫治虫等十多种成功的，效率又高的防治虫害的土办法，成功消灭了各种病虫害，保护了防护林。

其中有两种方法最为奇特巧妙，效果最好，当时给我的印象很深。一种是针对专吃树叶的黑毛虫的，这种黑毛虫不大，但是很狡猾，白天躲在下面树干的树皮裂缝中，要等到天黑晚上九十点钟才会出来爬到顶上去吃树叶子，吃饱了在下半夜三四点钟前，又会爬下来仍旧躲回到树皮的裂缝中去，不容易发现。这位年青的护林员就是利用黑毛虫喜欢躲藏的特点，采用了把一大把长草叶子围在树干上并扎紧，让它变成黑毛虫躲藏的安全窝，诱使全部的黑毛虫都钻进了长草叶子里，一二天后的白天，去把那把长草叶子解下来，所有的黑毛虫都会钻进长草叶子中，黑麻麻地布满了，用手抖一下，所有的虫都会掉到地下来，用脚踩或是用板子拍，可以很轻松地全部弄死这些虫子。

另一种巧妙奇特的好方法，是针对专门啃食树干的桑天牛虫的。这种害虫体积比较大，有4~5厘米长，一年可啃食2米长的树干，一条虫就可以啃食坏一棵树，可让成片的树林倒塌死亡，危害性很大。

他模仿医院打针用的注射器，用一节竹子做针筒，用空芯小铁皮圆管做针头，用水泥固定在针筒的一头，在针筒的另一头放一块圆形木板做推板，在推板上安装一个手柄，做成了一个大型注射器。注射器里装的不是农药，而是浓稠的泥巴水浆液。这种害虫是钻孔到树干中心啃食树干的。他拿着装满泥巴水浆液的注射器的针头插进树孔里，用压力把泥巴水浆液打进树干中心的虫洞中，孔洞中充满了泥巴水浆液，桑天牛这种害虫的全身和嘴里也充满了这种泥巴水浆液，就会活活地被憋闭死掉。

别人消灭害虫都是采取打农药的方法，而他第一种方法只是用了一把草叶子，第二种方法是只用了一节竹子做的注射器，加上一些泥巴水浆液就把病虫害全部消灭了，这两种方法确实很巧妙、很奇特、很实用。这两种方法的优点，一是成本低，不用花钱买农药，草叶子到处都有，在一棵树上用完了，在其他的树上还可以接着用。用竹子做的注射器也是可以重复使用的，不会浪费，不花一分钱，可以说是没有成本；二是没有毒害副作用，因为农药都是有毒的，对人对树都是有一定的毒副作用的；三是没有后遗症，如果使用农药，因为有些病害虫是有抗药性的，时间长了药性会逐渐失去作用的，加上遗漏，虫害又会复发，而用脚踩死和用泥巴水浆液憋闭死的虫子是复活不了的。由于这位年青人治虫经验丰富、方法巧妙、贡献大，后来他由一个乡下农民变成一个农学院的大学教授。

4.创新方法要善于模仿

著名科学家达尔文通过对自然界的研究，得出了一条法则"适者生存"，也就是说，适应这个世界的可以生存下去，不适应这个世界的就要被淘汰，不能生存下去，就会自我灭亡。

一切生物和植物，为了自我生存下去，相互之间是有竞争的，而且竞争非常地激烈和残酷，竞争优胜者才可以生存下来，而竞争失败者就要被淘汰，被消灭。而那些在激烈的竞争中能够生存下来的胜利者，它们身上肯定拥有许多优势、有许多生存的好方法，这些优势和方法，我们人类是可以去模仿的，通过模仿可以创造出许多的新方法，用于改善人类的工作和生活。

世界上有很多奇妙的现象和规律，你模仿和运用它，就会产生许多新的方法来。实际上，人类有许许多多的好方法，就是模仿自然界而发明出来的。例如，科学家们模仿天上的飞鸟而发明了飞机、模仿人的大脑有记忆能力和思维能力，而发明了储存器和软件，进而发明了电脑。我们的汉字最早也是模仿自然界的东西而发明出来的，所以最早的文字也叫象形文字，因为是模仿东西的形态而写出来的。模仿烧开水时产生的蒸汽会形成一股力气，可以冲开水壶盖子，而发明了蒸汽机，从而带来了一场工业革命。

我们平时所用于锯断东西的锯子，就是两千多年前的木工祖师爷鲁班，一个偶然的机会，认知了野草叶子边上的三角形小齿很锋利，可以切破人的皮肤，从而产生了灵感发明出来的。鲁班还先后发明了锯子、刨子、钻子、凿子、铲子、曲尺、墨斗等木工工具，发明了锁和石磨。而他发明锯子时，更是发生了一段戏剧性的故事。

当时鲁班和徒弟们接受了皇家宫殿的建造任务。宫殿要求建得雄伟壮观，但工程量巨大。他们每天都要带着斧头到山上去砍树，做宫殿的柱子和其他木料，那些树又高又粗又大，用斧头砍起来十分费劲，经常累得筋疲力尽，还赶不上宫殿施工的进度。

有一天，鲁班到一座高山上去寻找能做主梁的大树，上山坡时，脚下的石头突然松动了，他赶紧抓住旁边的一把草，用于稳住自己的身体。但那些草叶竟割破了他的手，裂了几道口子，流出了血，痛得他惊叫出了声。

他仔细看了一下，发现草叶边上长了一排三角形的小锯齿，是这些小锯齿把他的手割破的。他拿一片带齿的叶子，在自己的手上试着再划了一下，又划破皮肤流出了血，这时他还发现旁边有几只蝗虫在吃草叶子，而且吃得很快。他抓住一只蝗虫看了一下，发现蝗虫的牙齿边上也长了三角形小锯齿，也是靠这些锯齿吃草的，所以吃得很快。

他突然产生了一个灵感，想到如果做一把跟草叶边上一样带三角形小齿的工具来锯树，应该会快很多吧。于是鲁班请铁匠师傅按照他的设想打了一块长铁条，模仿草叶子，也在长铁条的一边开满了三角形的小锯齿，又在两头装上了把子，上山找了一棵大树试了一下，两个人一来一去拉着锯树，发现又快又轻松，效果好多了。鲁班又请铁匠师傅做了好多把同样的锯子，那些徒弟全部用这种锯子伐树，进度快多了，完全可以满足宫殿的建设需求了。用锯子锯木头的方法，要比用斧头砍木头的方法好很多，一是速度快，二是省力，三是节约木头，因为锯子锯的切口很小，而斧头砍的缺口很大，要浪费很多木头。

鲁班发明的这种锯子，已经沿用了两千多年了，至今还在用，还没有被淘汰。不过现在的锯子品种很多，有锯木头的，也有锯各种金属钢材的，还有的作了改进，不再是手工的，而是改为电动的了，用电动机带动，速度更快。锯钢铁材料的有专业的锯床，用的是直锯条，而锯木头的电锯机上的锯条现在都改为环形锯条了，用电动机带动，可以高速旋转，速度更快。现在又有了使用电场和电脉冲的线切割机，加工精度非常高，一般都用来加工模具。

要模仿，首先就要善于发现物质世界中的各种奇异的现象和规律，要多问几个为什么，要善于分析它、弄懂它、了解它、熟悉它，还要善于发现它、选择它、利用它。选择对我们人类有用的东西，利用它使我们能创造出新的方法来，从而造福于人类。例如，现在家家户户都有电冰箱，商店里有冰柜，各种肉食品和蔬菜通过冰冻的方法，可以长时间保持其新鲜，不腐败变质变味，这种方法也是模仿自然界的现象而得来的，那是1923年皮革商巴察发现并模仿出来的。他经常冬天到结了冰的海边凿冰洞钓鱼，从海水中钓上来鱼放在冰上立刻会被冻得硬邦邦的。他发现，这种鱼只要身上的冰不化，哪怕过了好多天再吃，鱼都不会变坏而且味道也不会变。他突然想到，其他的蔬菜会不会也可以这样呢？于是他根据这种现象也用其他的蔬菜做试验，结果一样也很新鲜。经过反复试验，他进一步发现：冰冻的速度和方法不同，会影响到食品冰冻后的味道和保鲜程度，通过反复的摸索和试验，他完成并完善了电冰箱用于蔬菜及各种食物冰冻保鲜的方法，并申请了专利。由于实用价值大，想要的人很多，最终通用食品公司以3000万美元的高价买下了这项专利。

家庭用电冰箱电冰柜就是利用这种技术发展起来的。巴察先生善于发现生活中的奇异现象，并模仿这种现象，而发明了电冰箱用于食品冰冻保鲜，既为他自己带来了巨大的经济效益，也为人类带来了便利和进步。冬天在冰上钓鱼的人很多，冰冻了好多天的鱼再拿出来吃的人也很多，但他们都没有发现冰冻可保鲜的现象，更没有去利用这种现象去创造新的使用方法，只有巴察先生发现了这种现象，并模仿这种现象创造了电冰箱冰冻保鲜方法，巴察先生是值得我们去学习的。现实世界和生活中，有许许多多这样的奇异现象和规律，等待着我们去发现、去模仿、去创造各种新的方法，从而带动我们社会的发展。

除了模仿自然界的奇异现象和规律去创造新的方法以外，我们还可以模仿前人的和别人的好方法。当别人都使用好的方法、先进的方法在不断地进步、不断地发展的时候，你还在使用老的方法、落后的方法、效率低下的方法，那你就落后了，你就要去模仿和学习别人的新方法和好方法了，否则，你最终要被时代所抛弃。

要知道发明一种新方法和新产品是很难的，而模仿和学习一种新方法和新产品是比较容易的。为了发明一种新方法和新产品，是要花费很多的心血、精力和时间去搞研究，还要花费大量的人力、物力、财力去搞试验。而模仿则省去了这些巨大的花费，可以直接采用那些好方法或新产品去达到我们的目的，效果好多了。

为了保护发明者的利益和积极性，各个国家都制订了专利保护法。但这种保护是有时间性的，不是无期限的，超过保护期，全世界的人都可以去模仿和使用，否则社会就难以进步和发展了。

模仿是新技术新方法传播最快的一种好方法，也是促进世界和人类进步最快的一种好方法。我们要善于使用这种方法，利用这种方法，去促进我们自己的进步，以求我们手中使用的方法都是效果最好、效益最高的新方法。

5.创新方法要善于抓住灵感

人的大脑有丰富的想象力，能够设想出各种各样奇妙的事情来。当一个有用的灵感出现时，就要善于抓住它、运用它，通过各种努力和试验，把它变成现实，变成对人类有用的方法，世界上很多发明创造都是这样出现的。当然灵感是产生在现实基础上的，在现实工作中、在各种科学实验中、在各种环境条件下、在人与现实世界的接触和了解中，才会萌发各种奇思异想，产生各种灵感，然后按照灵感去实验、去制作、去奋斗，灵感才会变成现实成果，这种现实成果就是一种新方法，一种可以为人带来方便、带来效益，甚至可以为全人类带来进步和发展的新方法。

我们有许多的发明创造，就是在一时出现的灵感中产生的。如世界上第一台有实用价值的打字机，就是1863年在美国人斯托弗·肖莱士产生的一次灵感中发明的。肖莱士既不是科学家，也不是工程师，而是一个机械厂的普通职员。他爱人是一家公司的秘书，工作很忙，经常要带许多文件回来抄写，他也要帮着抄写。有一次他妻子实在太累了，竟伏在桌子上睡着了，他看着很心疼。这时，他大脑中突然产生了一个灵感：要是有一台能抄写文件的机器该多好，于是他下决心要造一台会抄写文件的机器出来。他不断地构思和设计这种机器，并请了一个木工帮忙制作。通过一段时间的努力，把这台机器造出来了，但这台机器很笨重，实用价值不大，经他妻子试用，劳动强度跟手抄差不多。他又经过四年多的努力，一遍又一遍地不断地改进自己的设计，1867年的7月终于把世界上第一台有实用价值的打字机制造出来了。经他爱人试用，效果很好，既轻松又快捷，只要用手指头在键盘上轻轻一敲，26个字母就很快地印到纸上去了，而且打印出来的字母既清楚、又标准、又好看。后来这种打字机由美国莱明顿公司成批量投入生产了，从此，人们都是用打字机的方法打印文件了，再也不用手抄的方法抄写文件了。现在的电脑操作键盘也是在这个基础上发展起来的。

自行车的发明，是德国森林看守人德莱士1813年在一个灵感触动下发明出来的。他长期奔波于林海之中，很辛苦。一天他很累，就坐在一个山坡边休息。突然从山上滚下一块石头。这块石头很圆，滚得很快。他看见石头从他身边滚过，而且滚得很快，他突然产生一个灵感："圆的石头和木头滚起来很容易，而且都滚得很快，如果发明一种用圆的轮子制成的交通工具，一定跑得不慢，人们用这种交通工具帮助行走，一定省事而且快。"于是他不断地设想、设计和制作，终于做成了由一个把手、一个架子、一个鞍座、两个轮子组成的，也是世界上的第一辆自行车。在架子上的前面安装有可以双手扶着的扶手，架子的中间装有鞍座，架子下面的两头各装有一个可以滚动的轮子。德莱士坐在鞍座上，双手扶着前面的把手，双脚轮流蹬地，驱使自行车滚动向前走，自行车越走越快，特别是下坡更快。他成功了，很高兴。

后人在他的基础上又作了许多的改进，有的加了踏足板、有的加了链条、有的将木头轮子改为钢圈、有的在钢圈上加了充气轮胎，有的加了刹车，等等，就成了现代模样的自行车，成了人们出行的日常交通工具。

圆的木头、圆的石头，会自己从山上滚下来，而且会越滚越快，这种现象很多，看见的人也很多，但绝大多数的人看见了没有什么反应，也没有什么想法，更是没有产生什么灵感，只有德莱士产生了灵感，而且为这个灵感付出了努力，做出了成果，为人们的出行提供了便利，为社会带来了发展。

古希腊的阿基米德是一个最喜欢动脑筋的人，为解决问题动起脑筋来，全神贯注，达到不吃不喝的忘我地步。因此他也创造发明了不少的好方法，成了全世界最受尊敬的大名人，他在数学、力学、天文学等方面都作出了巨大的贡献。他创造发明了对圆的一些计算方法，创造发明了用杠杆原理组成滑轮的方法，一个人轻松地把一条大船从造船架上拖到了大海里，他创造发明了用螺旋片装在圆筒里的方法，造出了水泵，帮助农民从河里把水抽上来浇灌庄稼地。原来农民是用木桶去河里提水上来浇地，很累很辛苦而且很慢。用了水泵以后，只要一个人用手摇着螺旋片转动就可以把水带上来了，既轻松，效率还很高。现代的水泵用电带动，更快更轻松，只要按一下开关就可以了。

最有名的，是阿基米德浮力定律的发现。当时的国王拿了一块金子叫工匠去打了一顶皇冠，戴上之后，总觉得不舒服，怀疑有掺假。国王就把工匠叫来询问，工匠不承认，并用秤来称，证明皇冠与原来那块金子一样重。国王也无奈，就叫阿基米德去想办法解决。

阿基米德苦思冥想了很久，也找不到好的方法去鉴定皇冠是否掺假。一天下午，佣人装满了一桶水让阿基米德洗澡，几天没洗，身上很脏。他一坐进桶里，水就溢出来了。他就想水溢出去多少呢？他接着站起来，桶里水位就落下去，一坐下来桶里的水位又会升起来。他突然灵感来了，眼睛一亮，大声叫道："我知道了！我知道了！"高兴得连衣服都不记得穿好，撒腿就往皇宫跑，大街上的人看见他光着屁股在路上跑，都觉得奇怪发笑。到了皇宫，国王按他的要求，找来一个大点的缸、一个小点的缸、两个一样大小的碗、一块跟原来一样重的金子。他把小缸放在大缸里，在小缸里装满水，把皇冠放进水里，溢出来的水，从大缸里倒出来放进一个碗里，再把小缸装满水，把那块金子放进去，溢出来的水倒进另一个碗里。如果皇冠是用纯金打造的，两个碗里的水应该一样多，但现在一个碗里的水多，一个碗里的水少，说明是掺假了。

看到这种情况，工匠不得不承认，确实是用部分铜掺了假。阿基米德很会动脑筋，终于从身边发生的事情中，想出了这种皇冠鉴定的好方法。

由此，他也创造发明了各种物质单位比重的测量方法。他还创造发明了"浮力定律"，即"阿基米德沉浮定律"，就是一个物体在水里受到的浮力，等于它排开水的重量。现在船舶的设计制造，船舶大小运输吨位的确定，都要运用阿基米德沉浮定律。

鲁班和阿基米德都能从身边发生的事情中，进行深入的了解，找出有用之处，借鉴利用，产生灵感，设想出对人类有用的定理、产品和方法，反复实验，不断改进，完成了自己的创新和发明。

有现象产生不了灵感不行，有灵感没有付出努力也不行，付出了努力出不了成果，也会让人失望。当然，只要你付出了努力，虽然没有成功，但却给了别人以灵感，也许别的人会替你把它变成成果。因为最重要的是灵感，只有灵感才会给人以希望，有了希望就会变成行动，有行动才会出成果。

现实生活中，肯定经常会碰到类似的情况，也会产生一些灵感，我们要善于抓住这些灵感，并付出实际行动，一定会创造出更多的好方法来。

5.创新方法要善于抓住机遇

现实生活中，人们有各种各样的机遇和偶然发现，我们要善于抓住这种机遇和偶然发现创造出新的方法来。

所谓机遇，就是它的出现是没有规律性的，是偶然发生的事情，是可遇不可求的，有的出现机会多一点，有的是一个人一辈子才碰到一次，有的甚至许多人之间也只有一二个人才有这种机遇。就像摸彩票一样，一等奖的金额可能有几十万，有的甚至高达上百万元，但成千上万的人只能有一个人可以摸到一等奖，这种机遇是非常难得的。

所谓机遇，就是你预先不可能知道它会出现的。因此，人一旦碰到这样的机遇，就要善于抓住它，利用它，绝不放过，放过你就会终身后悔。如果你抓住了这种机遇，创造出一种新的方法来，也许就会给你带来巨大的经济效益，也许会改变你一生的命运，带来幸福美好的一生。也许会给整个社会带来进步和发展。

我们平常所穿的雨衣，就是英国人马辛托斯于1823年，在一次偶然的机遇中，而且是一次不太好的境遇中发明的。他原是一家制造橡皮擦工厂的普通工人，他的工作就是煮橡胶。一天他端起一盆熔化了的橡胶液往模具里浇灌时，忽然他的脚底滑了一下，盆里的橡胶液泼到他的衣服的前襟上。那天下班路上正好下大雨，回家脱衣服时，发现衣服的其他地方全湿透了，唯独泼了橡胶液的地方里面没有湿。他觉得很奇怪，第二天，他把衣服全部都涂满了橡胶液，回家后穿在身上，再端一盆水往衣服上浇，果然一点都不进水，而且很干燥。于是他用这种方法制成了世界上第一件雨衣。现在几乎家家户户都有雨衣，特别是骑自行车、电动车非穿雨衣不可。不过现在很多雨衣都是用塑料布做的。

马辛托斯不小心滑了一下，把橡胶液泼到了他的衣服上，这种机会很少，而穿着这种衣服回家路上又正好碰上下大雨这种机会就更少了，而他却碰上了，这就是机遇。关键是他抓住了这种机遇，产生了灵感，又动手做了试验，进行了制作，才发明了雨衣，为人类带来了方便，造了福。如果他不善于抓住机遇，不善于动脑筋，这个机会就很容易被错过。

耐克运动鞋，也是缘于一次偶然的机遇而发明的。美国俄勒冈州立大学体育系教授威廉·德尔曼，有一天做饭时，偶然发现用带有凹凸型的小方块铁板压出来的饼显得很有弹性。因为是体育教授，出于职业敏感，这种现象引发了他的灵感：如果运动鞋底也做成凹凸型，会不会也很有弹性呢？他立刻进行试验，把橡胶用火烤软，放在凹凸小方块的铁板上压印成型，然后钉在太太的鞋底上，让她试穿，太太感觉到走起路来很舒服。他马上设计并生产了这种鞋，取名为耐克运动鞋。它显著地提高了鞋子的弹性和防潮性，得到了运动员们的喜爱和认可。正式面市不久，便打败了当时运动鞋市场上的霸主阿迪达斯运动鞋，成了市场上最大的运动鞋公司，他的运动鞋也成了年轻人喜欢的时髦产品。

用于防盗保密的复印纸，也是出于一次偶然的机遇而发明的。格德约是加拿大某公司的一名普通员工。有一天，他在办公室不小心碰翻了一个瓶子，瓶子里的液体倒泼在了一份文件上，好在这种液体属于无色的，不影响文件的观看。但拿这份文件去复印时，沾有这种液体的地方一片漆黑，什么也看不见。他突然产生一个灵感：如果生产一种涂有这种液体的纸张，可以防止别人盗印，具有很好的保密性，这不是很好吗？他立刻在家里进行了各种试验，终于制成了这种纸。这种纸外表上看起来跟普通纸一样，在它上面写字、打印丝毫不受影响，清楚得很。但不能复印，一复印就会一片漆黑，什么也看不见。这种纸特别适合于书写或打印带有机密性的文件、技术、情报、军事等各种资料和图纸，具有很好的保密性。他开办了一家公司，专门生产这种纸，虽然价格很贵，但销售很好，销出了几亿张，成了亿万富翁。

我们也会遇到各种各样的机遇，或大或小，或地区的、或企业的、或个人的。如最近几十年，我们国家领导人抓住国际发展机遇，大力发展经济建设，使我们国家发生了翻天覆地的变化，国家富强起来了，国际地位提高了，人民的生活富裕起来了。

有些连年亏损的企业，还有些濒临破产的小厂，由于抓住了改革开放的大好机遇，有的引进国外的先进技术和设备，有的开发新产品，实行现代化企业管理，等等，从而一举甩掉了亏损的帽子，变成了盈利企业，有的甚至成了大型品牌企业。

有的个人也抓住改革开放的大好机遇，果断辞职下海，开办公司和企业，变成了大企业家和富翁。现在社会上，这种紧紧抓住改革开放大好机遇而成功的人士已经很多了。

从以上的事例中可以看出，有了机遇，还要多动脑筋才能产生灵感，有了灵感更要付诸行动，去反复研究、反复试验，才能创造出新的好方法来。

6.创新方法要善于在别人的基础上发展

世界上有不少的方法，是人们在偶然的机遇中突然产生的灵感中研究出来的。但一个人的智力是有限的，时间和精力也是有限的，而且所处时代的技术条件和经济基础也是有限的，所以有很多方法在最初提出和研究出来的时候，并不是很完善，都是别人或后人，甚至是几代人通过很长时间的努力，才逐步完善才发展起来的。

同样，没有机遇，没有突发的灵感，人们也是很难凭空想象出新的方法来的，而在别人或前人已经提出的、或是有了一定研究成果的基础上加以发展，则要容易多了。因为有了别人的研究基础和发展方向，我们只是在此基础上朝着好的方向发展就可以了。因此，我们要善于把别人的方法中有缺少的地方加以补充，把不够完善的地方加以修正，从而通过自己的努力，将其变得更完善、更先进、更智能，让人们应用起来更方便、效益更高，乐于使用并得到世人的喜爱，变为人们手中常用的方法手段，从而推动社会的进步。

我国是最早发明造纸术和印刷方法的，这都是中国的四大发明之一。造纸是由东汉时的蔡伦发明的，实际上，早于蔡伦的二百多年前，劳动妇女就发明造出了两种纸张。一种是把蚕茧放在竹篾席上，蚕茧和竹席都浸泡在浅水中，然后敲打抽丝，好的蚕丝抽出来用于纺织做衣服，残留在竹席上的一层薄薄的残絮，晒干后就成了一张张的丝绵片，这种丝绵片就是最早的纸张，可用来写字。还有一种植物麻，也是一种织布做衣服的原料，也同样是放在水中的席子上进行敲打，好麻取走以后，留在席子上一层很薄的残渣，晒干后也成了纸张。

这两种纸张数量少，也不太好书写。二百多年后的东汉时期，蔡伦在朝廷担任掌管宫廷御用手工作坊的官。蔡伦总结西汉以来采用蚕茧和植物麻造纸的经验，反复试验和改进造纸方法，最终利用碎布、旧麻头、旧渔网、树皮等废旧物质做原材料，经过水浸、粉碎、捞取、晒干等多道工序的精工细作，制作出了便于书写的优质纸张。这种纸张的原材料来源多，而且都是废旧物资，成本低，价格也低，可以专业化大批量生产，便于推广。这种造纸方法得到皇帝的称赞，特封蔡伦为"龙亭候"。

蔡伦发明了造纸术，为中国和世界文化的发展作出了巨大的贡献，当然他也是在前人的基础上发明出来的。

后来不少人对这种造纸方法又作了不少的改进，现在的社会纸张需要量非常大，原材料又扩充到木头、稻草等，原手工制作全改为机械化和自动化操作，速度非常快了，否则满足不了社会的需要。

印刷术的发明也是中国的四大发明之一。古代人最早是在乌龟壳上刻上象形文字，也叫甲骨文，后来人们在竹简片或丝帛上书写。到了唐朝，人们发明了雕版印刷。雕版印刷到了北宋为全盛时期。当时文化很发达，要印的书很多，而雕版印刷速度太慢，根本满足不了需要。花很多时间辛辛苦苦雕刻出来一块板子，只能印一本书中的一页，印完就要扔掉了，印其他的书就没有用了，真是太可惜了。

处在这个时期的普通知识分子毕昇，他也是一个雕版工。他认真总结了前人的经验，通过反复构思、设想与试验，发明了活字印刷术。他用胶泥做成一个个规格一样的小方块毛坯，在每个小方块的一端都刻上一个反体字。然后把这些小方块用火烧结变硬，变成单个的活体字。把这些字装进字盘里，再放入字架上，要用时把这些字一个个拣出来，拼在一块板上，在字面上刷上一层很薄的油墨，把纸盖在字面上，再在上面用板子一压，油墨就转印到纸上去了，印出来的字很清楚、很漂亮。书印完了以后把那些字又放回到字架子上去，可以下次反复使用。

这种活字印刷方法，他逝世不久就很快就在全国普及了，还传播到世界各地，为中国和世界文化的发展作出了巨大的贡献。

毕昇是在前人雕版印刷的基础上，发明了活字印刷。后人又先后发明了将胶泥材料换成了锌、铜、铅锌合金等材料。再后来，人们又发明铜字模、铸字机。把铜字模放入铸字机，将铅锌合金材料熔化，一分钟就可浇出四五十个字来，速度非常之快。要浇什么字，把字模换上去就可以了。活字印刷延续了一千多年。

上世纪七八十年代，北京大学教授王选又发明了电脑打字排版、激光打印出胶片，把胶片上的字晒到PS板上，再把PS板安装在印刷机上，实行胶版印刷，印出来的书和报纸既标准又漂亮，而且速度很快，特别是大型设备的报纸印刷，一个小时就可印几十万份。

由于采用了电脑激光排版的方法，让人类彻底告别了铅与火的时代，使用的都是高科技产品，劳动强度小多了，王选为人类社会的发展作出了巨大的贡献，被人称为现代毕昇。

我们现实生活中使用的各种产品，如手机、电脑、电灯、空调、冰箱、洗衣机、自行车、汽车、火车、飞机，穿的衣服、住的房子，等等，都是无数的后人在前人的基础上逐步发展起来的，使得所有的产品越来越先进、越来越智能、越来越完善，更能满足人们的各种需求了。所以说，创新方法要善于在前人或别人的基础上发展，不断更新。

7.创新方法要善于围绕目标去发展

在日常工作中，上级和单位领导会给我们下达各项指标和任务，作为奋斗目标要去完成。我们就要善于围绕这些目标去拼搏、去构思、去寻找、去创新出更多、更好、更新的方法来，从而尽快达成目标。我们自己在工作中还有感觉到不方便的地方、不理想的地方、不满足的地方、有欠缺的地方，想要达到而又未达到的地方，就需要及时创新方法，善于把这种不方便变为方便、不理想变为理想、不满足变为满足、有欠缺变为完美、达不到变为达到，让我们的工作更方便、更理想、更完美，让我们的工作更上一层楼。

全国总工会原主席倪志福，年轻的时候是一位机械工人，也是一位创新能手。1953年二十岁的他接受了一批合金钢材钻孔的任务。他在工作中发现钻头老烧坏，无法加工，不能按时完成任务。当时他就给自己定了一个目标：改进这种常用的麻花钻头，让钻头不再烧坏，按时完成各种生产任务。

倪志福围绕着他的目标，做了大量的工作去寻找好方法。于是他把所有烧坏的麻花钻头全部找过来，分析、研究和寻找其烧坏的原因，积极地设想、构思出各种各样的改进方法，对每一种方法都进行试验以求得其改进后的效果。他通过反复的研究、反复的试验，找到了在原有麻花钻的基础上，采用把钻头中心横刃磨尖、端面切削刃开不同的凹槽的方法，成功地创新发明出了有专门钻削铸铁、铝合金、黄铜、橡胶、薄板、毛坯扩孔等多种原材料的新钻头。这些钻头被人称为"倪志福钻头"，而他却把这些钻头称为"群钻"，也就是群众的钻头。针对不同的材料，使用不同的钻头，不烧坏钻头、不损坏原材料，钻的孔标准、速度还很快，可以按时甚至提前完成任务。

倪志福还请了一个大学老师协助帮忙，写成了"倪志福钻头"的科学论文，参加了北京科学讨论会，还登上了世界科学讲坛。

倪志福就是善于把工作中出现的问题和不足定为自己的目标，通过奋斗和探索，创新发明了多种新钻头，也是多种新的钻孔方法。

现在房子装修，其中门窗的铝合金、安全门的不锈钢管的加工钻孔，用的全都是倪志福钻头，又快又好又标准，而原有的麻花钻头与之相比，效果就差多了。

2015年获得诺贝尔医学奖的中国人屠呦呦，在1969年以中医研究院科研组长的身份，参加了一个集中全国科技力量联合研发抗疟疾新药的大项目：523项目。

研究出治疗疟疾病的新药方，是她的奋斗目标，也是上级组织给她下达的任务目标。她带领研究小组围绕着这个目标，从系统收集历代医书、本草、地方药志、名老中医经验入手，汇集了2000多种药方，并从中筛选出200多种供研究，最后终于找出了青蒿素可以治疗疟疾病，而且疗效很好。随后北京中药研究所拿到了青蒿素结晶，1984年科学家们又实现了青蒿素的人工合成。当时疟疾病在全世界传染得很厉害，找不到有效药方，死了很多人，由于屠呦呦带领她的团队，发明了青蒿素这种药方，挽救了全世界、特别是非洲地区成千上万疟疾病人的生命。

8.创新方法要善于利用生活中的不足去发展

除了工作上的困难以外，在平时的生活中，我们也经常会碰到许多的不满足、不顺心、不理想、有欠缺等许多不足之处，我们就要善于发现这些不足之处，并把其定为自己创新方法的目标，并围绕着这些目标去奋斗、去拼搏、去寻找、去创新出最好的方法，并通过采用自己创新出来的好方法，让不满足变为满足、不顺心变为顺心、不理想变为理想、有欠缺变为完美，让我们的生活更上一层楼，处处充满和顺幸福。

例如在农村，有很多的鸟喜欢到菜园去吃菜和果子，而农民很忙，一天到晚要干很多的事情，不可能天天坐在菜园里专门赶鸟。于是农民想出了一个很好的赶鸟的方法，因为鸟怕人，所以就用稻草扎一个假人，并给稻草假人穿上旧的衣服和裤子、头上戴上草帽、手里拿着一根棍子，棍子的另一头吊着一块红布，就好像一个真人在赶鸟一样。鸟看见就不敢到菜园里来吃菜和果子了。这也是一种赶鸟的好方法，那些鸟再也不敢到菜园里去了，人们的目的也就达到了。

现在的人，大部分都骑电动车出门办事。但电动车速度快，骑起来风很大，特别是冬天，身上被风吹得很冷，很难受，而且容易得关节炎。于是就有人就想出了一个办法，用一块小棉被，缝上两个袖套子挂在扶手把上，小棉被放在电动车前面挡风。人坐在后面，手、脚、身上都吹不到风了，头上也戴上头盔帽子，就暖和舒服多了。这也是一种好方法，不被风吹要保暖的目的也就达到了。

现在都是高楼大厦，要晒衣服被子很不方便，于是就有人发明了在凉台外安装可伸缩的长晒衣架。这种晒衣架在郊区或农村还是可以的，但在市区就不允许了，因为装在外面不安全，也不美观，便又有人发明了可在凉台顶上安装的可升降的长晒衣架，这些发明创新确实为广大群众带来了方便。

像这种生活中不满足不完善的地方很多，我们要善于去发现，并能积极想出好方法去解决，生活就会更圆满。实际上有些发明难度也不是很大，只要肯动脑筋，照样可以发明出来。

9.创新方法要善于采用集体研究法

政府部门及科研院所的领导和相关人员，会根据政府本身的需要、社会发展的需要、人民群众生活的需要，确定一些奋斗目标，组成一些项目组，让项目组的科研人员共同去创造和寻找实现这些目标的好方法。

一个人的知识和智慧是有限的，各有各的知识、各有各的智慧、各有各的思考方式和能力，只有把大家的知识、智慧、方法和能力都集中起来，去伪存真、去粗取精、去差取优，共同协商、共同研究、共同思考、集思广益，才能发明出更优秀的产品和方法出来，造福社会。

作为一个领导者，就是要善于把人集中起来、把大家的知识和智慧集中起来，让大家畅所欲言，相互启发、相互促进、相互补充、相互完善，共同研究和思考，创新出最好的最完善的方法来，就能又好又快地达到目的，完成组织上下达的任务和目标。

大家的事情，一定要让大家共同去完成。如果只让领导者一个人去拍脑袋定板、一个人说了算，靠一个人的智慧去做事情，肯定是不行的，因为一个人的知识是有限的、智力是有限的，所知道的方法也是有限的，时间和精力更是有限的，怎么可能把目标任务完成好？

俗话说，人多力量大。还有一句话说，三个臭皮匠凑成一个诸葛亮。人多知识多、智慧也多，人外有人、天外有天，强中自有强中手。人多方法也多，我们就有挑选的余地，就可以从中找出最好的方法去达到我们的目的。

如袁隆平带着项目组在海南培育高产的水稻良种时，是他的助手在大片的稻田中找到了一株强势野生稻苗，供他继续培育研究新品种。如果光凭他一个人，是不一定能找到这种强势野生水稻秧苗的。

又如屠呦呦，是她的助手协助她从各方面寻找汇集了2000多种相关药方，又从中筛选出了200多种比较接近于治疗疟疾病的药方。最后她终于从这200多种药方中找到了青蒿素这种治疗疟疾的药。假如光凭她一个人，是搜集不到这么多资料的，因为一个人的时间和精力是有限的。

10.创新方法要善于采用个人深度思索法

创新方法，有时候人多不一定有用，需要一个人关起门来埋头苦干、深度思索，运用他丰富的知识和灵感，才能设想出创新出一些好方法来。

人的大脑思考能力，是一个很关键的因素。思考能力强，就能设想出一些好方法来，就能很好地达到自己的目的。思考能力差，就想不出好的方法，也就达不到目的。

人的思考能力又主要取决于你平时所学知识的多少。你所学的知识越多，思考能力就越强，你所能找到的方法也就越多。你平时所学的知识越少，你的思考能力就越差。知识是你大脑思考能力的基础，没有知识这个基础，你拿什么东西去思考呢？一个博士毕业的人，读了二十多年的书，肯定比一个学习成绩差只有小学毕业的人的知识多很多，他的思考能力肯定也要强很多，能创新和研究出来的好方法也会多很多。

要创新方法，一个人除了要努力学习各种知识外，还要善于集中时间和精力去思考。不要受外界的任何影响，排除干扰，也不要分散精力、时间和思路。而是要集中全部的时间精力去作深度思考，从而找出更好的方法来。

如著名的软件大师美国的比尔·盖茨，中国的营销大师史玉柱，搞起软件开发来，都是不回家，吃、住、睡、工作全都是在工作室，拒绝外界的任何干扰，也不和外界打任何交道，关起门来全心全意搞软件开发。累了就在地板上躺一下，饿了就吃点方便面，集中全部的时间、精力，埋头深度思索搞软件开发，一搞就是好几个月，直到软件开发成功才出门。由于长时间见不到面，也失去了联系，史玉柱的爱人都含恨离他而去，他把老婆都弄丢了，代价确实有点大。比尔·盖茨也是放弃了学业，连大学文凭都没有拿到。

由于比尔·盖茨开发出了很好的电脑操作应用软件，畅销全世界；史玉柱也开发出了很好的桌面中文电脑软件，畅销中国市场，他们都取得了巨大的经济效益和社会效益。他们都是靠关起门来奋斗了几个月才开发出来的软件，而赚到了第一桶金，后来，比尔·盖茨还成了世界首富。如果不是他们下决心把门关起来，艰苦奋斗、深度思索与研究，是开发不出这么好的软件的，当然也成就不了他们以后的事业。

我小时候，后娘都不肯让我去读书，要我去学一门手艺做打铁匠，说这是一条好的出路，可以赚钱养活自己并供养家人。我只有每天挑着沉重的担子，一头装着铁砧、铁锤等工具，一头装着火炉、风箱和焦炭，到各个村庄去走门串户，到别人家里去，帮别人打锄头、镰刀、菜刀等铁器工具。当时已是1957年，还是这样落后的生产方式。在父亲的坚持下，我还是去上学读书了。在当今高度发达的社会里，没有文化，一个字不会认，一个字不会写，铁匠这门手艺早已淘汰了，不需要了，那我还能干什么呢？这辈子不是废了吗。因为有了文化，才有了学习各种知识的好基础好方法，没有文化，是难以学到各种知识，特别是现代的各种科技知识的。

我年轻的时候在工厂工作，也喜欢搞一点小改革，也就是一点小创新。上世纪七十年代，曾将一台工人每天要双手摆动近万次才能完成生产任务的机器，改成了自动化操作的机器，减轻了工人的劳动强度。还自己设计、制造了一台新的机器，提高工效近十倍，并以这台机器为基础，成立了一个小分厂，在生产中发挥了较大的作用，替工厂解决了难题。

在改革开放初期的八十年代开始，我又喜欢利用业余时间搞一点小发明，先后获得了十余项国家发明和实用新型专利证书。其中有两项专利投入了批量生产。其中一项产品列入了省经贸委颁发的全省新产品目录，获得了政府无息贷款和展览会专利产品铜牌奖。当看到成千上万的人在使用我的专利产品时，心中还是有一点自豪感的，觉得从事小发明的工作很有意义，也很有趣味。

到了九十年代，国家经济建设高速发展，各种类型的企业越办越多，市场竞争越来越激烈，加上电脑使用率越来越高，传统业务不断萎缩，工厂面临着生存危机，如不创新，就要面临着破产倒闭。已经走上企业领导岗位的我，不得不去寻找新的业务领域。在上级领导支持下，通过自己的努力，我找到了一批能长期稳定发展的新业务，并创办了一家新的工厂企业，引进了一批世界上最先进的技术设备，生产发展了，效率提高了，效益好起来了。原有的旧设备全部淘汰，而员工全部转入了新企业，保证了工人有工可做，生活有来源，大家都很高兴，我内心也感到有所安慰。唯一遗憾的是，由于创建一家新企业，工作量十分繁重，我不得不停掉了所有搞小发明的工作，全身心地投入新企业的创办工作中去了。

我也深切地体会到，当今社会是一个高度发展的社会，也是一个业务和市场竞争十分剧烈的社会，不断地有新业务产生出来，也有不少的旧业务要淘汰；有不少的新技术产生，也有不少的旧技术要淘汰，旧的市场也要随之而消失，新业务新技术要派生出新的市场；各个方面的市场占有率也在发生不断的变化，市场占有率的竞争尤为激烈。

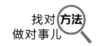

　　无论是个人还是企业，都必须不断地创新，去创新方法、创新业务、创新技术，找到适合自己发展的新道路，否则难以生存，个人要被社会淘汰，企业要面临着破产倒闭。

　　要创新，要发明，就必须要有丰富的知识。当你不搞创新、不搞发明时，你可能觉得自己的知识很多，多到没有什么用处。而你一旦开始从事创新、从事发明工作以后，你就会感觉到自己的知识太少，远远不够用，觉得各方面的知识都要补充，但时间远远不够用。特别是自己没有接触过的又完全不懂的知识，在没有老师教的情况下，完全靠自学，更是特别困难。往往是有老师教几十分钟就可以搞懂的知识，如果自学，要花几个小时，甚至要花几天才能弄懂，要走很多的弯路。我经常会碰到这种情况，感受特别深。

　　刚参加工作的那十多年的时间里，绝大部分的时间都花在了自学上，每个晚上、星期天基本上都是在看书、学习、做作业，很少有休息时间，我的专业知识大部分靠自学得来的。先后学习了电力和机床设备电路控制专业、无线电与数字集成电路专业、科技英语与电子测量专业、建筑水电工程专业、机械设计与制造专业、财务管理与工业会计专业、企业管理与政治经济学专业、企业领导学、电脑操作，等等。我学的专业比较多，都是跟工作有关的，也是工作中需要的。写的学习笔计有二十本。1975年，我家附近有两所停课多年的业余大学恢复开学上课了，我业余时间见缝插针，错开时间穿插着在这两所业余大学上各种专业课，那里有老师讲课，学习进度快多了。

　　虽然那时很辛苦，但生活得很踏实，所学到的各种专业知识对我以后在各种技术设备的安装、调试及维护中，在搞各种小改革及小发明中，以及后来在新企业的创办中，确实都有很大的帮助。

　　现在的人都强调要技术创新，每一种技术都是一种方法，新的技术就是新的更好的方法，因为只有新的好方法才能更好达到我们的目的。人类只有不断创立各种新技术、新方法，才能不断提高生活水平。

　　现在有许许多多的科研机构和设计单位，都是搞方法创新的，已经形成了一个行业。他们研究出来的、设计出来的都是新技术、新方法、好方法，因为社会要发展，人类要进步，就必须要方法创新，没有方法创新，社会发展不了，人类也进步不了，现在的电脑、手机、网络、自动化、智能化等都是采用了科技新方法，都得到了高速的发展，都是人类方法创新的结果。

第七节　方法的运用

我们每个人，从早晨睁开眼睛的那一刻起，就要运用各种方法，来达到各种目的，以满足自己的需要。

比如用牙刷、牙膏刷牙，这种搞好个人卫生的方法，看起来简单，谁都会用，也用不着去多动脑筋，但发明牙刷、牙膏并用于刷牙这种方法的人，却是动了不少脑筋的，而且是花了好几年的时间才发明出来的。我出生在农村，小时候看见那些五六十岁的老年人，嘴里的牙齿全是黄色的，很脏。因为他们从来就不刷牙，主要是那时候农村还没有普及用牙刷牙膏刷牙的方法。我小时候也是不刷牙的，只是到了学校读书的时候才开始刷牙。

人们需要优美的环境，过上舒适的生活。为达到这个目的，人们就要采用多栽树、勤治水的方法，要让山变青、水变绿。近二三十年来，政府大搞新农村建设，大部分的农村基本上都做到了把老式的旧房子翻盖成了别墅型的新式小楼房，地面道路全部水泥浇盖硬化了，到处种树栽花，村庄环境优美。幼儿园、小学、养老院、健身室、图书室村村有，煤气灶、自来水、空调、冰箱、洗衣机、汽车、电脑也很普遍，手机几乎人人都有。现在农村环境比城市还优美，因为到处都是青山绿水、鸟语花香。

人类生存生活的需要是多种多样的。为了满足人民群众的各种需要，提高人民的生活水平，加速建设现代化的工业生产体系是最好的方法。如投资建设一批现代化汽车制造厂，让家家户户都拥有现代化的交通工具汽车；投资建设一批水泥厂、钢铁厂、建筑材料厂、建筑装修公司等，让家家户户都住上宽敞、漂亮、豪华的新房子。为了满足各类厂家生产设备的需求，达到提高各类工厂生产水平的目的，投资建设一批数控的车床、铣床、刨床、磨床、钻床等各种机械加工和产品专业化生产的设备生产厂家，让各类机械加工设备更高效化、自动化、智能化、精细化，根据人们的需要，投资建设各类先进的生产厂家，专业化生产出各种现代化产品，各类物质丰富了，人们的需要满足了，人民生活水平提高的目的也就达到了。

治疗每一种病，不同的医生有不同的治疗方法。方法好的，一次就能把病彻底治好，方法差一点，可能要多次才治好，对一些疑难杂症，方法不好的，可能根本治不好。有些是对病状诊断不准，有的是药的配方不好，导致治不好病，原因很多。医生看病最难的，就是对病情病因的诊断。因为人是一个最复杂的有机体，而且大部分的病是在人的内部发病的，是用肉眼看不见的，哪怕有些病是在外部发作的，但发病的原因却在身体的内部，用肉眼看不见。所以，提高对疾病的认知，是确诊病情的基础。首先，一个医生要通过学习、了解、熟悉，以及平时积累经验，知道发病的各种症状、发病的各种原因、产生的各种后果，什么样的病要用什么的药物配方，等等，不断提高医药知识和诊疗水平。有了这些认知，就有了丰富的经验和技术，就可以通过诊断，准确地判定出病人得的是什么病，知道要用哪些药物、每种药的量是多少、是口服还是外敷。治病会有许多种不同的方法，要学会选择最好的方法把病人治好。

如果医生对各种疾病认知不多，经验不够丰富，就容易诊断不准。诊断不准，就会导致开的医药配方不能对症下药，也就治不好病。只有诊断正确，用药正确，治病的方法好，病痛才能治得好。

1969年某天的半夜三点钟左右，有一个四十岁左右的男病人，肚子剧痛，送医院急诊，拍片检查并经医生判断确诊为急性阑尾炎，需马上动手术。手术切开肚子后，发现确实是急性阑尾炎穿孔，切除即可，手术不大，只需住院一星期，拆线就可回家。我们同住一病房，他告诉我，他去年也是同一时间发的同一样的病，也是送到这个医院看的病。但当时的那个拍片医生正睡得很迷糊，是被强行拉起来拍的片子，他判断说是胃穿孔，也是说需要马上动手术，在当时来讲，算是一个比较大的手术。但当正要手术时，他发现肚子又不太痛了，他就不想做这个手术了，医生也同意了，他就回家了。没想到今年的同一时刻又发病了，好在今年诊断正确，把病治好了，如果是去年动了手术，那问题就大了，因为切胃的刀口与切阑尾刀口不是在同一个位置上，而且切胃的刀口要大得多。不同的病，治疗的方法是不一样的。

我爱人曾得了一种严重风湿性关节炎，在床上躺了一个星期痛得下不了床，有幸找到了一个老中医，他说：我只要用三服药就可以治好你的病。他摸了一下我爱人的脉搏，开了三服中药。我爱人吃了这三服中药，刚刚一个星期就好了。二十多年了，未发过病，至今很好。医生年纪跟我差不多，我们关系也还好，可惜他自己刚六十岁就得癌症过世了，当时我没有想到要抄下药方，那时也没有智能手机无法拍下照片，在他的诊所捡药时，药方被药房的人收回去了就没有给我，不过当时医生跟我说了一下，他用的是中国古代大名医孙思邈的药方。孙思邈当时所处的时代，北方战乱多，很多名人旺族都往南方迁移，但南方潮湿气很重，北方人不适应，得风湿性关节炎病的人很多，而孙思邈研究出了这种药方，治好了许多人的病。这是一种非常难治的病，现在很多医院里都有很多这样的病人，一直都治不好，说是属于免疫系统的病，难以根治。实际上是没有找到治疗这种病的好药方，没有治疗的好方法，所以治不好这种病。最多只能缓和一些，而不能根治。

后来我有一个亲戚也是得了这种病，因为老中医不在了，她跑了好几家医院，住了多次医院，也吃了不少的药，好多年了，就是治不好。医生只是跟她说，这是类风湿免疫系统的病，很难治。实际上是没有找到好药方，治病方法不好，所以才治不好病。

我们国家有一些老中医专家，有着丰富的摸脉搏的经验，很多疑难病症都是可以通过摸脉搏诊断出来。如果能把摸脉搏这种丰富的经验开发成软件，通过传感器用电脑显示出来，并配上好的治疗方法，那将是一个很了不起的软件，可带动社会的发展，造福于人民。

总之，好方法的运用，就是不断认识世界，不断改造创新，造福于人类的过程。

第四章　方法的多样性

第一节　一种目的，多种方法

我们人的一生中，为了生存和生活，每天都有各种要达到的目的，而每一种目的，都会有多种方法可以去实现，这就要求我们去追求更多更好的方法，让我们挑选好方法的范围更广、机会更多、成功的把握性更大。

每一种目的，哪怕是一种最小最简单的目的，也是可以有许多的方法去实现的。例如，一个人口渴了想喝水。喝水解渴，以满足身体需要这种目的，除了喝白开水以外，还可以喝茶叶水、纯净水、绿豆汤等，类似各种方法都可以达到解渴这种目的。喝水解渴这样一个简单的目的，就有这么多的方法可以解决。有一句谚语："条条道路通罗马"，就是说从四面八方有无数条道路通往罗马。做成一件事方法不止一种，人生的路也不止一条等着我们去发现。

我们不管要达到什么目的，都会有许许多多的方法可供选择。全世界有几十亿人口，为了生存和生活，每个人都会有自己所要达到的各种的目的。为了达到这些目的，每个人都会去思考和寻找各种方法，于是各种各样的方法就被人们想出来、寻找到了，每一个人都会采用一种自己认为是最好的方法，去达到自己的目的。由于各人所处的环境不一样、条件不一样、思想和文化水平不一样，想出来的方法就会不一样。有这样的方法，也有那样的方法，有好的方法，也有差的方法，有一般的方法，也有特殊的方法。

人类经历了上万年的发展，由于各个时代的环境、条件和发展水平不一样，人们所能设想、发明和创造出来的方法也会不一样。历史发展越久，人们所能设想、发明和创造出来的方法也会越来越多、越来越好，现在的肯定比以前的好，将来的肯定比现在的好。

对于那些相同的目的，人们可以设想和寻找到许许多多不同的方法去达到，同样，对于那些特殊不同的目的，人们也可以设想和找到各种不同的方法去达到，每一种目的，都会有许多的方法去达到，这就是方法的多样性。

每一种职业、每一种工作，都是一种生存生活的方法，各种职业各种工作有很多，所以说人类生存生活的方法有很多。人们可以根据自己的爱好、自己所学的专业来选择，也可以根据自己的条件和能力来选择，选择的机会有很多，所以说，人类生存生活的方法是多种多样的。换种工作，就是换种活法，也就是换种生活的方法。

如果我们没有考上大学，失去了上学的机会，不要灰心，不要难过，我们同样可以通过其他的许多方法学到知识，达到我们的人生目的。我们要积极地去寻找机会，用最好的人生方法去开创自己的美好未来。例如，我们可以通过自学的方法学到知识，还可以通过函授教学的方法、电视教学的方法、业余大学的方法、在职学习等不同渠道和方法学习到各种知识，而且自由度很大，想学什么专业，想学什么知识，选择权很大，可以任由自己决定。还可以根据工作的需要和自己的爱好来决定要学什么专业。而考上大学就不一定了，除非你考试的成绩比较好，学校会按照你所报考的志愿来确定，否则学校是会按当时的具体情况与需求来确定你的专业，因为好专业想去的人很多，不一定安排得了，有些学生只能去那些自己并不一定感兴趣的专业。

没有文凭，我们同样可以通过其他的许多方法去取得。自学，文凭可以通过国家举办的自学考试取得，业余大学、电视大学、函授大学、在职学习，只要学完了规定的课程，经考试合格，都会发给文凭，有些文凭也是国家所认可的。甚至有不少人通过自学、在职学习、函授学习等各种方法，取得了国家认可的硕士和博士毕业文凭。

在这方面，江西蓝天学院的董事长、校长于果，就是我们学习的好榜样。他1978年参加高考，他的成绩虽然高出了录取线40分，但因他的腿走路有点不方便，他报考的大学就不愿意录取，他落榜了。但他不气馁、不灰心，参加工作以后，坚持在职学习。先后在中央戏剧学院进修过服装设计专业、在江西科技大学进修过工艺美术专业，最后还获得了中国社会科学院商业经济学专业硕士研究生毕业文凭。

他高考落榜，遭受沉重打击，但他很快就振作起来了，凭着他在美术方面的特长，考进了赣剧团，做起了美工和演出服装裁缝方面的工作。但他志向远大，不满足于手中的工作，他要追求更多的知识和更好的职业生涯。

他高考虽然考上了，却因腿脚不方便而落榜了，这段刻骨铭心的痛苦经历让他产生了一个梦想，就是要让那些跟他一样的落榜生、残疾人、贫困生，个个都能有上大学的机会，他从此为了实现这个梦想而终生奋力拼搏。

他采用的方法是，果断地辞掉工作，下海创办了一所民办大学。他通过不断的努力，千方百计地克服了资金上和人才上的重重困难，经常是每天工作近16个小时，终于创办了"江西高级职业学校"，并且不断向高层次发展，变成了"江西东南进修学院"，接着又发展成了"江西蓝天学院"，最后又变成了"江西科技学院"，成了江西省最大的民办大学，2011年在校大学生达40000多人，教职员工达3000多人。圆了许多落榜生、残疾人、贫困生的梦想，也为国家培养了大批优秀的科技人才，还获得了部分统一招生的资格。学校从当初租房子办学开始，到后来拥有了自己的校园，自己的教学大楼和学生宿舍，还有自己的试验室和运动场。

于果本人也曾受到了胡锦涛同志的接见，获得了无数的荣誉。他担任了中国教育集团控股有限公司董事会联席主席、江西科技学院董事长、江西省人大常委、江西省工商联副主席、全国劳模、中国十大杰出青年，还被选为第九、十、十一届全国人大代表。2019年获得福布斯全球亿万富豪榜1818名，同年于果以82元亿人民币获得2019福布斯中国400名富豪榜中的第336名，2020年3月26日，于果以70亿元人民币财富列"2020胡润百学全球教育企业家榜"第17位。

近三四十年来，有许许多多的人选择了自己创业，有的成功了，有的失败了。在创业之中，肯定会遇到许多困难和挫折，有些困难和挫折可以绕过去，或是比较容易找到好方法去解决，而有些困难和挫折是绕不过去的，要找到好方法难度很大，但又绕不过去，不解决就会影响到创业的成功。如果我们能百折不挠，不怕失败、不怕吃苦，肯历尽千辛万苦地去干，绞尽脑子去思考、去探索，是会找到许多解决问题的方法的，也是能找到好的方法去达到人生目的的。

我有一个很深的体会，就是觉得创办一家工厂，要比创办一家公司、一家商店难度要大得多。因为创办一家公司，只要选择一种业务，租几间办公室，添置一些办公用具和电脑，聘请一些员工就可以开展工作了。办商店也比较容易，租一个店面，添置一些货架，进一些商品，聘请一些员工，就可以开门营业了。

而工厂就不一样了。首先要进行市场调查，根据市场的情况来确定所能生产的产品。产品确定以后，就要寻找场地和厂房。因为要批量专业化生产，效益才会高，场地和厂房要求比较大。如果起步时，所有的东西都要添置，都要购买，资金需要量会是很大的。如果资金不够，场地和厂房都可以租，现在的当地政府都在招商引资，建了不少的工业园区，厂房是现成的。但生产产品的设备一定要自己买，因为不同的产品需要不同的设备来生产。设备是租不到的，除非是你收购别人的厂房和设备，生产同样的产品。每一种产品的生产，都是由多道工序组成的，每道工序都要有设备，工厂的设备很多。

接着是工人的招聘和技术培训，设备的安装与调试，产品所需各种原材料的购进，产品的生产安排与管理，产品质量的监督与检验。最后还有产品的销售，生产出来的产品还要能销售得出去，产品销售不出去，一积压，资金就会短缺、断链，工厂就要面临着破产倒闭。因为工厂不管你生不生产，每天都有许多固定的费用要开支。创办一家工厂企业，肯定会遇到很多各种各样的困难和挫折，对于每一种的困难和挫折，你都要寻找和选择最好的方法去解决，你的工厂企业才会创办成功。

我创办过一家工厂企业，也遇到过许多的困难和挫折，是我和工人们在一起，克服各种困难，努力寻找和选择各种好方法去解决的。最困难的时候，是正式投产的那几天，因设备比较大，比较复杂、又是当时世界上最先进的，工人们刚开始操作，技术上还不太熟悉，难度比较大。我是三天三夜没回家，也没上床睡觉，整天跟工人们在一起。我是拿着手表看进度、拿着产品看质量、盯着设备看运转情况，生怕设备出故障，产品生产不出来，还担心产品质量不过关，销不出去。那时心情很紧张、身体很劳累，实在太困了，就到办公室的办公桌上趴着睡一下，时刻警醒，睡不踏实，担惊受怕，生怕出问题。生产工人可以倒班轮流休息，而我却不能，只能一个人盯着，直到三天过后，生产正常了，我才回家睡觉。

工厂再难也要办起来，没有工厂，就生产不出产品，没有产品，整个社会就会缺少各种生活物资，一个没有物资的社会，肯定是一个贫穷的社会，缺少物资的国家，肯定是一个落后的国家。没有产品和物资，国家是富强不起来、繁荣不起来，人民的生活也是好不起来的。

除了工作上有各种各样的好方法供我们选择和采用外，在生活上也是有许许多多各种各样的好方法可供我们去选择和采用的。

我们每天都得吃饭，我们的目的是要有饭吃，而做饭的方法有许多种。有的用钢精锅的方法煮、用高压锅的方法煮、用电饭煲的方法煮，少数农村还有用木桶蒸的方法。炒菜的方法就更多了，世界上有许多种菜，每种菜又有许多种不同的炒制方法，一种猪肉可以做出红烧肉、粉蒸肉、辣椒炒肉等几十种，可以说世界上炒菜的方法有成千上万种。我们采用的方法越多越好，饭菜花色品种就更多更全，吃得就更香更甜，营养更丰富。

不同的厨师也有不同的炒菜方法。有些厨师动了不少脑筋，发明了一些好的炒菜方法，炒出了自己的特色。如北京全聚德烤鸭，鸭子的做法有很多种，但全聚德的师傅用烤的方法做出来的鸭子特别好吃。还有南京的盐水鸭、南昌的煌上煌酱鸭、河南的道口烧鸡、重庆的火锅、南昌的瓦罐煨汤、天津的狗不理包子，等等。他们都是用特殊的方法做出了具有特色的美食。

从以上所举的例子中可以看出，任何一种目的，都可以有多种方法去实现。

这里还要说明的是，特殊情况特殊对待，当某种特殊的方法一旦被确定要采用之后，就必须严格按照这种方法的程序、要求、规格、形状、运行规律等规定来执行、安排、运作，否则这种方法采用不了，就不能达到我们的目的。

例如，一台定型的电器设备，所有元器件之间，都是要严格按照电路的设计要求连接起来的，不能接错，如果一个接头没有接通，电流流不过去，设备就运转不了；如果有一条线路接错了，还会发生电线短路起火，会烧坏电线和各种电器元件，设备同样运转不了。

一台机械设备的零部件坏了，也必须按原有的规格、式样、原材料重新制造一个，或是购买一个同样的零部件，才能安装上去，否则安装不上去，机器设备还是开动不了。

各种方法有很多，但每种方法也有自己的程序、规律、要求和规定，要严格遵守，违背了，这种方法就实行不了，当然目的也就达不到了。

第二节　一种物态，多种方法

前面说过，任何方法都是由物质及其形态构成的。不同的物质构成不同的方法，而物质的形态不同也造成方法不同。

一种物质，改变其形态，就可构成多种方法。例如一种棉花，通过纺成纱、织成布、染上色，又通过设计、裁剪、缝纫，可以做成各种各样的衣服，有大人的衣服、小孩的衣服，有男人的衣服、女人的衣服，特别是女人的衣服花色品种多。各种服装里，有裤子、有裙子、有内衣、有外衣，不同的衣服就需要不同的制作方法，是通过不同的裁剪改变布匹的不同形态而实

现的。

一种砖，可以盖成办公写字大楼，也可以盖成家庭住房、车间厂房、物资库房、关押猪牛羊的大棚房，等等。哪怕是家庭住房，也有各种不同形状的房子，有大的、有小的、有高的、有矮的、有豪华型的别墅、也有普通的平房。总之一句话，一种砖，可以盖成各种不同形状的房子，是通过改变砖的位置和数量也即形态而达到的。

一种铁矿石，通过冶炼改变其形态，可以变成钢铁。而一种钢铁通过车、钳、刨、铣、焊等各种加工，改变其形状也即形态，又变成了螺丝、连杆、齿轮、变速箱、基座等各种零部件。各种零部件，又通过不同的组装配合，生产出了各种不同的机械设备。有车床、铣床等各种机械加工设备，有柴油机、发电机、水轮机等动力设备，有缝纫机、花边机等服装生产设备，等等。还有，一种钢铁材料，通过各种不同的加工方法，生产出来的各种生活日用产品，小的有汤匙、炒菜锅等，中等的有洗衣机、电冰箱、空调机等，大的有飞机、轮船、高铁火车等等。不同的产品就有不同的制造方法，所谓制造加工，就是改变物质的形状也即形态，形态不同，则方法不同。

各种复杂的电子电器设备，也是由几种简单的零件组成的，这几种零件就是半导体管、电阻、电容、电感、继电器等，半导体管又分为二极管、三极管、场效应管等几种，半导体管也叫晶体管。人们就是用这几种零件，通过不同的组装方法，造出了世界上成千上万种各种不同的电器设备，如计算机、电视机、收音机、电唱机、电话机、手机，还有各种设备的自动控制器等等。不同的组装就有不同的形态，形态发生变化，则方法也变化，形态越多，方法越多，能生产出来的设备就越多。

我们最常用的汉字，大概也就三千多个左右，用得稍微多一点的也就五六千个左右，但也就用这几千个汉字，人们写出了无数的文章、无数的书，把几千上万年的历史写进了文章，汇到了书里，把整个地球上所有的物质、所有事情、所有故事，几乎都作了详细的描述，写成文章，印进了书里。在成千上万种不同的书里，基本上用的就是这几千个汉字，不同的文章、不同的书就采用不同的写作方法。

全国高考，就只有一个作文题，有数百万甚至上千万的学生参加考试，写出来的文章都不一样，找不到有两个人的文章是一模一样的、一字不差的。不同的文章写出来的方法是不一样的，虽然题目是一样的。每个字在文章中的不同位置就是不同的形态，形态不同写作方法不同。

中国汉字，由于在各地的发音不一样，形成了很多种语言。有的一个县就有好几种语言，相互都听不懂。上海话、广东话，特别是闽南话更是难以听懂。现在政府在全国推行北京普通话，学生学的就是一种北京普通话的汉语拼音。这样全国人都讲普通话，相互交流起来就好多了，否则各地的人在一起，各说各的话，确实难以沟通。不同的语音就是不同的说话方法，因为声音就是一种形态。

用毛笔写字，同一个字，就有无数种写法。我们都知道，每一个汉字都是由点、横、竖、撇、捺、弯钩等一些基本笔画组成，而每一笔画都有许多不同的写法，如一笔横画，就有长的、短的、粗的、细的、平的，还有的要带点弧弯度的等各种写法，在不同的字里有不同的写法，有的字里要写得长一点粗一点好看，而有的字里是要写得短一点细一点才好看。当一个字中有好几个横笔画时，都不可以写成一样，要有长有短，有粗有细才好看，否则字就很难看了。就是同一个笔画，每一个人写法也不一样，有的写得好看，有的写得不好看。有的写出来没有力量感，而有的写出来很有力量感，很好看。同一个字，无数个人写，就有无数种样子，很难找到两个人写出来的字是一模一样的。初学者的笔画写出来的都是不好看的，因为他们没有掌握每一笔画的最好写法。所以初学者必须对一些基本的笔画要反复地去学习、反复地去练习，只有经过长期艰苦的学习和练习之后，才能做到每一笔、每一画、每一字，他都可以用最好的方法把它写出来，写得有力量、有气势、漂亮，看他们写的字才会是一种很好的精神享受。

我们在数字运算中，通常是使用十进制，就是逢十进一，在十进制中，有0、1、2、3、4、5、6、7、8、9这十个数字，也就是这十个数字，可以进行无数种数量的计算。这十个数字在不同的数据中，所处的位置是不一样的，是属于不同的组合，不同的组合就是不同的形态，形态不同，则数据不同，而现实中，各种数据是无穷多的。

还有三进制、六进制、八进制，但很少用。而计算机电路中运用的都是二进制，就是逢二进一，在二进制中，只有0和1两个数字。虽然只有两个数字，但这两个数字所处的位置不同，就可以形成不同的组合，也就是属于形态不同，形态不同则数据不同，同样可以组成无数多的不同的数据。

在十九世纪末二十世纪初，人们先发明了真空的电子管，后发明了半导体管，半导体管也叫晶体管。真空的电子管有二极管和三极管，同样，半导体的也有二极管和三极管。人们发现三极管对电压电流都有放大作用，在输入端输入小信号，可在输出端得到大信号，设计出了模拟放大电路，做成了收音机、电视机等各种产品。真空的电子管体积很大，耗电量也很大，后来很快就被社会淘汰了。而半导体管体积可以做到很小，耗电量更小，现在全部都是使用半导体的晶体管了。

人们发现二极管和三极管分别都有开关作用，当输入电压低时，二极管和三极管都不导通，成关闭状态，当输入电压提高到一定值时，二极管或是三极管会成导通状态。人们又引进了二进制数学，把二极管、三极管的断开状态设置为0，导通状态设置为1，发明设计出了电子计算机电路，同时也发明设计出了用于控制的编码程序，做出了可以运算的电子计算机。现在各种各样的可随身携带的小型电脑也是由0和1两个数字来编制程序控制运作的，由此而产生的各种功能用来为人类工作和服务。

世界上第一台通用电子计算机，是1946年2月14日在美国的宾夕法尼亚大学诞生并投付使用的。发明人是美国人莫克利和艾克特。这台电子计算机是由17468个电子管、6万个电阻器、1万个电容器和6000个开关组成。重达30吨、占地160平方米，有三层楼高。耗电174千瓦，耗资45万美元，每秒钟只能运算5千次加法运算。

到1976年我学计算机时，一台电子计算机的体积已经缩小到只有普通单门电冰箱大小的4个电柜组成。那时全省也只有一台计算机，非常宝贵，安装在一个大机房里，在计算机的周围又加盖了一个玻璃房，非操作人员不让进去，我们班的同学去实习，只是在外面围着玻璃房转了一圈就算完成了实习。

当时的程序编码是由一盘盘的纸带组成，纸带宽约一厘米，长至少有几十米，跟电影胶带一样卷在一个圆铁盘之间，圆铁盘中心轴的一端装有小电机，带动铁圆盘转动，把铁盘中装满的长纸带倒至另一个空铁圆盘中去。纸带上打满了一排排直径约一毫米左右的小孔，排列整齐，一排可打6个孔，但有的地方打了孔，有的地方没打孔，孔是按程序编码要求来打的。6个位置上有孔和无孔的不同组合，就可以输出不同的数字和文字。在纸带的上方装了灯光，在纸带下方对应每个孔的地方，都装了6个由光敏半导体组成的接收器，可把光信号转变为电的信号，有孔的地方，光就会照到光敏半导体上，电路导通，输入信号为1；没有孔的地方，没有光照到光敏半导体上，电路不导通，输出为0。当输入为0时，一排6个位置全没有打孔，没有灯光，6个光敏半导体全部都不导通，输出为0。当输入为1时，只有第一位置打了孔，有灯光，第一位置的光敏半导体导通，输出为1，其他的都不打孔，输出都为0。当再输入一个1时，逢2进1，则第1个位置输出变为0，而第二个位置打了孔输出则要变为1了，其他几个位置还是为0。随着输入的变化，各个位置打孔的情况也会发生变化，各个位置的光敏半导体的导通也会随着发生变化。纸带不停地走动，人们用打孔的方法编出来的程序就输入到电子计算机中去了。这种编码程序通过编码接收器进入到存储器，再到运算器、译码器、输出器，人们就可以得到运算结果了。后来人们又发明了输入键盘，只要用手指头敲击键盘上的数字、字母或其他符号就可以了，对应每个数字、字母或符号的接收电路就把各种信息和程序编码输入进去了，就可以进行各种运算及操控了，简单方便多了，靠铁圆盘与纸带打孔输入信息和程序编码的方法就被淘汰不用了。

为了电路的小型化，人们又发明了集成电路和芯片，后来也制成了各种集成电路和芯片。所谓集成电路，就是把很多的半导体元器件做得非常小，并集中压缩安装在一块电路板里，而芯片就是压缩安装了更多的半导体器件的集成电路，只是体积更小了。现在，在拇指般大小一平方厘米左右的芯片上，可以安装几十亿个半导体管。如一部小小的手机里的芯片，集成超过了超20亿个的半导体器件，而最强大的芯片，集成了超150亿个半导体器件。

除了手机芯片外，还有各种各样的芯片，如计算机芯片、电脑芯片、数控机床芯片、自动机械手芯片、机器人芯片、电子手表芯片、电梯芯片、ATM取款机芯片、汽车和飞机上的各种芯片等。它们各自的功能不一样，集成电路设计不一样，安装使用的各种芯片也不一样。

由于各种芯片的体积越来越小，而功能越来越多，越来越完善，原来有三层楼高的一台计算机，增加了许多功能以后，反而变成了一台小小的手提电脑，可以放在一个小小的手提包里随身携带。就是这一台小小的电脑可以指挥一个大型工厂企业的生产，协助一个地区各部门的工作，一个小小的硬盘，可以储藏一个大型图书馆的所有资料。而且现在人们又发明了把全世界的电脑连接起来，通过中间以各种芯片为主连接起来的服务器，组成一个网络的方法。通过网络，可以把许多信息瞬间发向全世界，让全世界的人都能很快知道这许多的信息。通过这个网络，随便什么人都可以查到全世界任何一个地方的信息资料，哪怕是地球的背面远达上万千米，同样可以查到你想要的信息。有什么比这更神奇的呢，这就是方法的多样化可以创造出来的新世界。

虽然各种各样的芯片很多，功能也不一样，但有一个共同的特点，就是只用0和1这两个最简单的数字来设计程序、进行运算、输出结果，来控制各种设备进行工作的。两个数字，可以编辑出无数种的程序，用这些程序通过电脑，就可以管理一个大型工厂的生产，协助一个政府的工作，可以操控人造卫星和航天器的发射，等等。

实际上，任何一种方法，都可以编码成一种程序并输入到电脑中，控制电脑运用这种程序就可以去达到人们的各种目的。听说曾有人和机器人进行象棋比赛，人反而输了。这是为什么？是因为编码的人可以把历届世界冠军对每个棋子每一步的最好的走法都编成了程序并输入到机器人的电脑中去了，机器人的每一步棋都是会按照最好的方法来走的，而且机器人的判断准确，反映度极其快速，是因为电子的流动速度快，而人的大脑的反应速度肯定是慢于电子的，特别是人有时还会犯迷糊，而机器人是不犯迷糊的，所以人输于机器人也是正常的事情。假如人当时能想出一些比历届世界冠军更好的走法，而机器人没有这些程序，那机器人也是照样会输的。

0和1这两个数字，是世界上最简单的物质形态反映，通过0和1，可以编辑出无数种的程序编码，每一种程序编码就是一种工作方法。可以看出一种物态，哪怕是最简单的，都可以产生出许多的方法，这就是最好的证明。

人类的每一种目的都有多种方法可以达到，同样，世界上的每一种物态也可以生成多种方法，这就是方法的多样性。

第三节　方法有多样，选择最重要

我们不管做什么事情，不能只认定一种方法。如果你认定的这种方法是最好的方法，你当然可以采用这种方法，如果不是最好的，那你就可以多找一些方法来进行比较，挑选最好的。如果情况变了，原先最好的方法已经不是最好的了，你就要更换别的好方法。如果别人发明了更好的方法，那你也要去学习和采用这些新的好方法了。

有的人大半辈子甚至一辈子就采用一种方法，因循守旧，从来就没有动过脑筋，去想过采用其他方法。例如有的人种地，年年就种这几亩地甚至只有几分地的水稻，年年种地，年年就这点收入，一生辛苦、一生贫穷。从来就没有想过要增种或改种其他一些经济收入更高的作物。如果你专种水稻，除掉种子、化肥、农药、人工等成本外，一亩地一年的收入也就三四百元左右；有的人会动脑筋，把它改为种萝卜、黄瓜、西红柿等蔬菜，一年就有六七百元的收入；如果改成种苹果、荔枝等果树，一年的收入可能有上千元；如果改成鱼塘，养鱼、养虾、养鳖，一年可能有上万元的收入。同是一块地，不同的使用方法，就有不同的收入，相差几倍甚至几十倍，方法好的收入就高。

同是一块地，对它的使用方法是有许多种的，到底要采用哪种方法好，你的选择很重要，你要根据这块地的土质、水质、地理位置和你的技术水平而定。有水的地方适合于种水稻、养鱼，无水的地方可以种菜种果树。还有跟你个人的技术水平有关。假如你种西瓜的技术特别好，可以号称"西瓜大王"，那你肯定会用这块地去种西瓜，也许你种西瓜赚的钱比别人养鱼养虾赚的钱还多。因为你之所以能被称为"西瓜大王"，肯定掌握了不少种西瓜的好方法，而且这些方法是要比别人的都好得多，你种出来的西瓜肯定也要比别人的品种更多、味道更好、产量更高，你甚至可以种出全世界最大的西瓜来。所以说，选择最重要，如果你选择得对，选到了好方法，你就可以取得最大的经济效益，你的生活就可以富裕起来、幸福起来。

在人口日益增多、可耕地越来越少的情况下，人们又发明了温室栽培、工厂化生产的好方法。温室里可以不受天气和季节变化的影响，冬天可以栽培夏天的作物，一年四季都可以吃到新鲜蔬菜和水果。工厂化生产占用的土地面积最少，管理最方便，一切都可以根据作物的需要按照最好的方法来控制：温度自动调节、水分自动浇灌、肥料定时施放、土壤预先配置，所以效率高、效果好。随着时间的推移，随着人们的不断努力，以后肯定还会发明出更多更好的方法来。

虽然社会在发展，现在已进入工业化和信息化时代，各种新方法好方法层出不穷，但并不是所有的人都在使用新方法和好方法。有的人长达几十年甚至一辈子，都是在使用那种老方法在工作在生活。长达上千年的封建社会里，这种现象是非常普遍的，也是可以理解的。但在科技高度发达的今天，仍有极少数的人还是抱着那种老方法不思改变。如有的人在工厂里做工，当车工、当钳工，也是大半辈子甚至一辈子，就是用那种老式车床车那几种简单的螺丝钉，用锉刀就加工那几种简单的零件，年轻的时候就是做这几种零件，年老的时候还是做这几种零件，只不过熟练了一些而已。他们从来就不去想，也不敢去想，要怎样去寻找一些好方法，才能把手中的锉刀改成自动化加工设备，把老式机床改成自动化数控机床。我们不但要改变手中的加工工具，还要改变自己所生产的产品。假如你生产炒菜的铁锅，也不能一辈子就生产一种老式铁锅，要不断进步，不断推出新产品，要生产电炒锅、电饭煲、微波炉等。就是铁锅也要不断扩大品种和型号，有大的，有小的；有生铁的、有铝的、有不锈钢的；有炒菜的，也要有煲汤的，等等。你可以由一个挑着火炉和铁锤的打铁匠，变成一个开打铁店的小老板，再进一步可变成批量生产各种机械设备的具有一定规模的大厂长。每一种产品的改变，就是一种生产方法的改变。你要不断地抛弃老的落后的旧方法，而去选择和采用好的先进的效益高的新方法，你才可以取得成功，才可以跟上时代的发展，才可以改变和提高你的生活水平。

广东省美的公司创办于1968年，是顺德北镇25号居民每人出资50元，悄悄办起了一个塑料加工作坊，开始生产塑料瓶盖，用这种方法去赚钱维持他们的生活和生存。不久他们得到一个汽车拖车必须安装刹车阀才能上路的信息，他们又开始改为生产汽车拖车刹车阀的方法了，很快就占领了国内半边江山的市场，效益很好。但市场竞争越来越激烈，1980年他们凭自己的智慧和勤劳的双手，又生产出了第一台金属电风扇，这是真正属于他们自己的产品，不再是给别人生产配件了。

1981年他们果断地投入100万元，率先引进国外电风扇先进生产线，生产一系列各种全塑优质电风扇，创立了自己的品牌，畅销于世界五大洲30多个国家和地区。后来，他们又不断地扩大生产空调、电冰箱、洗衣机、微波炉、饮水机等各种产品。随着社会科学技术的发展，他们又开发了机器人及自动控制类等各种产品。

由于他们在不断采用新方法，开发新产品，他们的企业得到飞速发展。他们在全球建立了庞大的销售系统，推行各种各样先进有效的销售方法。直至2019年，公司销售收入达2782亿元人民币，净利润达242亿元。其中暖通空调类营收1196亿元；消费电器类营收1095亿元；机器人及自动化系统类251亿元。

现在，美的公司在全球建立了约200家子公司、28个研发中心和34个主要生产基地，员工约15万人，其中研发人员达13000余人，业务覆盖200多个国家和地区。还投资了全球最先进的机器人智能自动化公司德国库能公司，股份占到百分之九十五。这就是他们不断开发新的产品，不断追求和选择最新最好的生产、销售和管理的好方法才取得的结果，也是他们全体员工团结一心共同奋斗、努力拼搏的最好结果。

我们只要肯动脑筋，就可以想出许多方法来，只要肯虚心去学习、去请教，也可以学到许多方法。方法越多，挑选的余地就越大，能找到好方法的机会就越多，能成功的把握性也就越大。如果你只认一个死理，只抱着一种方法不放，一条道走到黑，怎么可能成功？因此，我们不但要去寻找更多的方法，还要会挑选好方法，只有挑选对了方法，你才能取得成功，达到自己想要的最终目的。所以说，方法有很多，选择最重要。

第五章　方法的技巧性

第一节　技巧性方法反复多练习

各种各样的方法，一般有三种类型，一种类型是不容易掌握的带有技巧性的方法；第二种类型是要动许多脑筋，才能设想出来的可相互替代的灵活性的方法；第三种类型是比较简单的生活中的常用方法。

所谓带有技巧性的方法，就是带有技术性的巧妙的特定的方法。这些方法是光看、光听是学不会的，不但要看、要听，还要人自己去练习，而且要反复地练习，只有熟练以后才能学会的方法。

有一些方法对人的熟练度要求很高，如果你不熟练，是掌握不了、运用不了的。所谓熟练，就是人要反复地去练习这种方法，体验这种方法。要求人的大脑神经经过反复地练习之后，能够熟悉和了解这种方法的每一个动作、每一个过程、每一个细节等具体要求，并把这些动作和具体要求都能准确地及时地通过各分支神经，传递到需要执行这种方法的身体的每一种器官上，通过反复练习之后，各个肢体器官的神经系统和肌肉系统都有了记忆，就能够熟练准确地操纵这种方法，从而达到我们的目的。

这些方法不是一学就懂，一做就会，是有一定的技巧、一定的难度、一定的准确性的，这种准确性是难以一下子就找到并掌握的，要通过反复的练习才能熟练掌握。譬如说骑自行车，骑自行车就是一种方法的掌握，我们要到哪里去，就可以通过骑自行车这种方法去到达我们要去的目的地。

没有骑过自行车的人，一骑上去就会倒地摔跤，又骑上去还是会倒地摔跤，再骑上去也同样是会倒地摔跤，总是骑不了。哪怕就是有一个很会骑自行车的很好的老师站在旁边教你，认真仔细地告诉你应该怎样骑，但你同样骑不了，照样是摔跤。而会骑自行车的人，一跨就上去了，很顺利地把自行车骑到了目的地。

这说明骑自行车这种方法是有技巧的，对熟练度的要求比较高，难度比较大。从不会到熟练，这中间有一个过程，这个过程就是一定要自己反复地去学习、反复地去练习，也就是反复地去实践。光老师教，自己不去练习，是学不会的。而且是要多次地练、反复地练，不断地摸索才能学会。

其实学骑自行车，也就是要把那几个主要的动作学会了、熟练了就可以了，动作不多，但有一定的难度。一个是跨上去的动作、一个坐上座位的动作、一个骑行的动作、一个拐弯的动作、一个刹车的动作、一个下车的动作，就这几个主要的动作。

上车和下车，要把自行车往外偏离，让自行车的重心和人的重心在两边保持平衡，两边不平衡就会摔倒，到底偏多少，要自己去摸索和调整。这也是需要自己去掌握和熟练的一种技巧。中间骑行，脚踩踏足板不能停，自行车向前进了就会产生惯性，有了惯性，自行车才不会倒，如果自行车停下来了，没了惯性，人和自行车都会摔倒，看见自行车快停快倒了，马上用力踩一下踏足板，让自行车前进，自行车有了惯性就不会倒了，这也是需要掌握的一种技巧。另有一种技巧是，当自行车快倒时，立刻把龙头向要倒的方向扭动一下，并马上踩动踏足板带动自行车向前进也不会倒下摔跤。还有拐弯时，人的身体要向拐弯的方向稍作倾斜，这也是一种技巧，掌握了这些技巧，学自行车的速度就快多了。当然这些技巧要反复地学、反复地练，神经和肌肉系统都有记忆了，做到掌握了，熟练了，骑自行车这种带技巧性的方法才算是真正学会了。

打乒乓球既是一种锻炼身体的方法，也是一项竞技活动，更是一项需要熟练掌握的带有技巧性的运动。对方一个球打过来，也是有很多方法回打过去的，可以扣杀过去，可以推挡过去，可以切削过去，也可以抽拉过去，到底用什么方法打过去，要看对方打过来的是什么球，如果球比较高，可以狠狠地扣杀过去，直接打败对方。当然，能不能打败对方，还要看你的熟练度，如果你不够熟练，就会把球扣杀出界，或是把球打在球网下面，球过不去，本来是一个很好打的球，由于你技术上不熟练，反而把球打输了，失败的反而是你自己。你的技术越熟练，打球赢的机会才会越多。

弹钢琴也是一种带有技巧性的演奏方法。这种方法对熟练度要求也是很高的，没有弹过钢琴的人，突然上去是无论如何是弹不出一首完整的歌曲来的。要通过不断的学习、不断的练习，从不会到熟练了，才能弹出一首完整的比较好听的歌曲出来。

一台钢琴上有许多的琴键，不同人的手指头，对这些琴键的弹法是不一样的，所以，发出来的声音也是有区别的，有的好听，有的不好听。

一个人的手指头对每一个琴键的弹法，开始也是不好的，通过不断学习、不断练习，慢慢从不好的弹法，到比较好的弹法，到最后寻找到巧妙的弹法，并不断练习，达到最熟练的程度，当他对每一个琴键都能找到最好最巧妙的弹法，并通过反复练习，让大脑神经、手指神经和肌肉有了很深的记忆，都达到了熟练的程度，他演奏出来的歌曲才会美妙、婉转、动听，吸引听众，得到听众的喜爱，他就可以成为钢琴演奏家了。

画画，也是要求高技巧性高熟练性地描绘世界万物的一种方法，主要是画一些山水、花鸟、人体、动物等。如果你从来没有画过画，突然要你画一枝花、画一只鸟、画一个人，你是无论如何都画不好的，画花不像花，画鸟不像鸟，画人更是差别很大。画画需要有一定的技巧，要熟练地掌握这些技巧才能把画画好。对待每一笔的画法，都必须深入地研究，不断地改进，直到画得最好为止。对所画的东西，从画得不太像，到画得有点像，到画得很像，到最后能神似了。从刚开始，只能画出少数的笔画，画出来的画与实物不像，到能用很多的各种笔画把一样东西精确地描绘出来，画得很像，颜色也搭配得很好，到最后，只用少数的几笔画和颜色，就能把所画东西的形象和特点都勾画出来，画得很像而且很神似；还可以把不同地方的美景和气势在一幅画中体现出来，发挥想象力，把画画得比现实中更美更有气势，让人看了以后觉得赏心悦目，美妙感人，如身临其境，陶醉其中、备受鼓舞，你的画就成功了。

在拍卖会上，古代一些著名画家所画的名画，一幅可以卖到几十万元、几百万元，极少数世界上著名的画家所画的名画，甚至可以卖到上亿元，成了价值连城的无价之宝。

世界上的事情都是很复杂的、多方面的，很难一句话就表达得清楚和完整。总之，一些带有技术性的方法不但要多看、多听，了解基本技巧、性能和要求，还要多练习，反复实践操作，达到熟练程度以后才能更好地使用。

第二节　灵活性方法努力多学习

所谓带有灵活性的方法，就是能采用可替代性的方法很多，一种不行可换另一种。只要加强学习，不断地探索，积累的知识和经验越来越丰富，你就可以找到更多、更好、更巧妙的方法来，达到自己满意的效果。

有一句成语叫做"熟能生巧"，意思是说只有熟悉了，熟练了，找出更巧妙的方法来，你才能拥有更高超的技能。

这个"熟"应该含有两层意思，一个是它的深度，另一个是它的广度。

所谓深度，就是对你所接触的东西，所需要用的物质，不光是要知道它的外貌形状、结构尺寸、色彩搭配，还要通过不断学习和探索，更深一步地了解这种物质内部的形成原理、材质特征、运行规律、发展趋势、利用价值等方面的知识。

假如我们是搞房屋建筑的，就要加强和提高对各种房屋方面的认知，丰富房屋方面的知识，不管到哪个地方，首先要学会观察当地的房子。要知道这些房子有什么外貌形状、什么内部特色，是木板房还是砖瓦房，或是钢筋水泥房。还要了解木板房、砖瓦房、钢筋水泥房各自的优缺点，如木板房比较暖和，结构简单，但盖不了高楼。砖瓦房比较结实，可以长久居住，也盖不了很高的楼，而且不抗地震。钢筋水泥房非常结实，可盖很高的楼，可抗地震，占地面积比较小，但造价成本高。

还有许多其他方面的情况，什么样的风格外貌，才会让当地人觉得好看，什么样的装修，才会使人觉得赏心悦目、住得舒服，等等，都要了解，都要熟悉。你的认知越多越全面越好，只有这样，你才能设计建造出令人满意的房子来。

例如，砖、钢筋和水泥是他们常用的材料，我们不光要知道一块砖的长、宽、高各是多少厘米，是红砖还是青砖，是红土壤做的，还是煤渣做的；这是一般表面的东西，一看就知道。但这是不够的，还要通过不断的学习和探索，进一步了解这种砖内部的一些知识，如这种砖每平方厘米的抗拉强度是多少、抗压强度是多少、最大剪切力是多少、最大承重量是多少，用在房屋结构的什么部位才合适，等等。对于钢筋，我们不但要知道它的外貌形状，是圆形、螺纹形，还是方形，它的尺寸是多少、直径是多少毫米、长度是多少米，当然光这些也是不够的，还要进一步地学习和探索，知道钢筋的内部是由什么材质组成的，含碳量多少，它每平方毫米的抗拉强度是多少、抗弯强度是多少、抗压强度是多少、剪切力是多少、最大的承重量是多少、水泥的标号有哪些、每种标号水泥的抗压强度是多少。

同时，我们还要知道当地会刮最大风的风力是多少，下最大的雪对屋顶的压力是多少，盖最高的楼对每层楼的墙的压力是多少，墙要多少厚度才能承受这种重量，在房屋中哪个部位要用多粗的钢筋，要用多少根钢筋。不同的情况下要知道使用多少标号的水泥和什么规格的钢筋。搅拌水泥时，要知道水泥、砂子和鹅卵石的混合比是多少，等等。这些都是我们要认知某种方法时相关物质方面的深度。

而广度呢，需要学习和了解的知识就更多更广泛了。不但要全面和深入掌握本地区、本行业、本企业、本专业方面的全部知识，还要了解地区外、行业外、企业外和其他相关专业方面的知识，你的知识越多，能找到和借鉴的方法就越多，对你的工作帮助才会更大。

如前面的例子，人们不但要学习、了解和熟悉砖、钢筋和水泥这些主要的建筑材料的各种知识，还要学习、了解和熟悉更多其他的跟建筑有关的各种材料和施工方面的知识。如要学习、了解和熟悉木头、玻璃、砂子、油漆、门窗、脚手架、吊车、土层结构及承载力，当地最大的风力、最大的地震强度等这些方面的表面及深度知识外，更要学习、了解和熟练掌握建筑图纸的设计，会各种材料和结构的计算与设计，了解其他各种建筑物的结构、各个地方的建筑风格，等等。

刚毕业的高中生是搞不了房屋建筑设计的，因为他们只是学了一些基础知识，没有学专业知识，知识的广度和深度更是差得很远。只有大学毕业，甚至是硕士和博士毕业，他们学了几年甚至是更多年的专业知识，当然还要通过实习，熟练了以后，才能参与房屋图纸的设计和建造方面的工作。他们还要在实际工作中不断地学习、不断地探索、不断地积累经验，达到了熟能生巧的程度，就可以寻找出各种巧妙的好方法，去设计和建造出宏伟、气派、豪华的各种高楼大厦、宾馆酒店、民宿别墅。如人民大会堂、奥运会的鸟巢和水立方、港珠澳大桥等建筑杰作。

俗话说："三百六十行，行行出状元。"不管你有没有大学毕业，不管你环境如何，只要你肯努力学习、刻苦钻研，不断地积累知识和经验，达到"熟能生巧"的程度，你就可以创造各种各样的巧妙方法和成绩出来。如华罗庚也只有中专毕业文凭，但他却成了中国最伟大的数学家之一，是中国科学院数学研究所的第一任所长。前面所提到的长江边上的年青的农民护林员，长年累月在树林里观察树木害虫的生活习性、危害情况，积累了丰富的知识，设想并采用了许多消灭病虫害的好方法，为长江大堤和沿岸群众的安全作出了很大贡献，最后当上了大学教授。连没有读过一天书的贵州大山里的一个农村妇女"老干妈"陶华碧，通过自己的努力，都成了一个大企业家。还有许多大国工匠，他们的文凭不一定很高，但他们通过自己的不断努力，学习和练习、刻苦钻研，积累了丰富的知识和经验，达到了"熟能生巧"的程度，完成了许多高精度、高难度的工作，造出了飞机、火箭、宇宙飞船、航母、高速列车等世界上最先进的产品，为国家的发展和强大作出了贡献。

上世纪八十年代末的一段时间，我岳父鼻子流血，病情比较严重，去了好几个医院找了好几个医生，都没有完全治好，还时常会发作。有个朋友向我推荐了一个老中医，说他能治好。

后来，我带岳父去找到了他。当时他已经八十五岁了，但身体还很健康。有一家市级大医院，因他医术高超就聘请他去看专家门诊。他学历不高，是跟一个老中医学徒出身的。他很聪明，但更努力，不断地勤学苦练和实践、认真刻苦钻研，积累了丰富的知识和经验，在看病方面真正地达到了药到病除的程度，成了有名的中医专家。

我和我岳父到他诊室时，看见他办公桌上摆了三本厚厚的笔记本，里面记满了各种药方、医方，全是他自己写的，是他自己一辈子的经验积累。我岳父把病情说了一下，他就找到其中一本笔记本，不断地翻查，最后找到一个药方。他把药方开出来交给了我，并说："你照个药方到药房去捡药，煎水喝就可以了，最多四五天就会好。"

药方我看不太懂，其中有一味药写的是毛发，觉得很奇怪，就问了他一下，他告诉我说这一味药是人的头发，要烧成灰放入药汤中，医院没有，要回家去找。对这件事，我印象很深，几十年了至今未忘。我岳父只吃了四天，就好了，直至去世，十多年一直未发过病。

我小时候，大概十岁左右，有一个星期天，同几个小伙伴去山上砍柴火。砍到一半左右，突然从草丛中蹿出一条一米多长的蛇来，我们都吓了一大跳。那条蛇把头竖起来，张开嘴巴，吐着分叉的长舌头信子，想咬我们，这是一条有毒的蛇。我们赶快拿着柴火棍子打它，蛇马上趴下就想溜走。我们就追着它打，有的打它尾巴，有的打它腰部，有的打它上半身，但都伤害不大，这条蛇还是不停地跑。有个同学说："打蛇要打七寸。"但大家都没有经验，找不准七寸的准确位置，蛇照跑不误。这时，邻村有个年轻的叔叔从这里路过，看见我们在打一条蛇，他赶快跑过来，追上那条蛇，用手在蛇的背面，从蛇脖子往蛇头方向迅速地把蛇头掐住了，而且是从蛇头的两边掐住的，把蛇的嘴巴掐开了，它不能动，不能咬人了。同时他用左手把蛇身抓住，带回家去了。

我们几个人拿柴火棍都打不死的蛇，而这位年轻的叔叔是空手用这种方法，一下就把这条蛇制伏了。他的方法很巧妙，动作也很熟练，他肯定是对蛇进行过很多的观察和研究，才能想出这种巧妙的方法，而且肯定是经过许多次的反复练习，才能达到这种熟练的程度。

我后来听说了这位年轻的叔叔喜欢抓蛇，也很会抓蛇，他抓蛇的目的，主要是取蛇牙齿上的毒液送到街上的药店去卖钱，他卖蛇毒确实赚了不少的钱。他家里还养了一些蛇，这是他的副业。

这位年轻的叔叔是一个很聪明的人，也是一个很勤快的人。他肯学习、肯动脑筋、肯虚心向别人请教。他学习和了解到了许多关于蛇的知识，他抓蛇养蛇的经验非常丰富，对各种各样的蛇都很了解，知道这些蛇的名字、生活习惯、喜欢吃什么食物，一般生活在什么地方，知道哪些蛇有毒、哪些蛇没有毒、哪些蛇毒性最大。他还知道一些治蛇毒的草药和方法，也曾用这些草药和方法救过好几个被毒蛇咬过的人的性命。他在当地有一定的名望，受人尊敬。

总之，可概括为一句话，对于那些有技巧性的方法，要多练习、反复练习，才能做到熟练地运用这些方法。而对于具有灵活性可替代性的方法，要多学习、多探索，学到的知识越多、越全面、越熟悉，才能做到"熟能生巧"，从中找出更多更好对自己有用的方法来。

第六章　方法的条件性

第一节　有条件的要充分利用

方法是由物质及其形态组成的，物质及其形态，是构成方法的必需条件，如果缺少构成方法所必需的物质，或者是组成不了构成方法所必需的物质形态，就构成不了一种方法，也达不到我们的目的。这就是方法的条件性。

如果条件比较好，既有构成方法的物质，也有构成方法的形态，我们就要充分利用，更好地利用这些方法去达到我们的目的。

在这个世界上，有许许多多的人，他们的运气很好，能碰上很优越的条件，既有构成方法中的丰富的物质，又具备方法中物质的各种形态，让他们有机会采用好方法去达到他们的各种目的，过上他们所要的富裕美满的生活。

有的人是自身条件好，天生就具备某种特质、某种优势，发挥这种特质和优势所采用的方法用于谋生，是会获得幸福的，人生也会得到满足的。如有些歌唱家，他们天生的条件就是嗓子好，发出来的声音特别优美，用来唱歌，人们特别爱听。他们为自己有这种优势感到自豪，也愿意发挥这种优势，喜欢并努力唱歌给大家听，把唱歌当作自己终生的事业，当作自己谋生的一种方法，嗓子就是这种方法的必要物质条件，歌声就是这种方法的表现形态，而且是一种动态。光有好嗓子这种物质条件是不够的，还要能改变嗓子的不同形态，才能唱出美妙动听的歌声来。不同的形态就会发出不同的声音，只有找到最好的形态才能发出最好最美妙的歌声。而好的形态，不是天生就能做到，是要通过后天的反复学习、反复练习才能办到的。他们不断地虚心学习，刻苦练习，努力提高自己的歌唱水平，把每一支歌每一句歌都用最好的方法唱出来的，最终才成了著名的歌唱家。

又如，有些年轻人，天生就具有武术及表演的天才，他们也把此当成了自己终生奋斗的事业，反复学习、反复练习，做到每一个动作都用最好的方法表演出来，最终成了世界闻名的电影演员，让许多人成了他们的影迷。

有的人天生具备的条件就是有超强的记忆和理解能力，以及对科学技术的爱好与追求，让他们成了科学家。如华罗庚热爱数学，很有数学天才，仅中专毕业不久的他，就发现了一个清华大学教授数学定理推论中存在的问题，并把他的推算方法和结论写成了一篇论文发表在一本高水平的数学杂志上，清华大学数学系的开创者、数学系主任，也是我国著名的大数学家熊庆来教授看到这篇论文以后，非常喜爱和重视，立刻邀请华罗庚去清华大学当老师。当时他仅20岁，遭到其他教授反对，熊庆来就让他当自己的助理，这才平息了其他人的意见。华罗庚毕生从事数学研究，为我国的数学事业作出了很大贡献，最后成了中国科学院数学研究所的第一任所长。

爱迪生从小就喜欢做科学实验，哪怕是在火车上当报童卖报纸，都忘不了在火车车厢里摆满各种化学药水瓶子做试验，最后他成了世界上最伟大的发明家，电灯就是他发明的，给全世界带来了光明。

有的是家庭条件好，有父母及家人提供的各种物质资源可直接利用。如家里人社会关系很广，有能人帮忙，就能根据自己的爱好，创建自己的事业；家族有现成的企业，他可以比别人少奋斗许多年；家里人有技能，他可以传承，直接达到某方面的技术顶峰，用技术赚钱，来钱更可靠。有的人是所处的自然环境好，也就是物质条件好：有土地可种粮，有森林可伐木，有水源可养鱼，有矿山可开采，有山清水秀奇特风景可供旅游。有的是所处的社会环境好，构成方法的物质和形态都具备，有各种创业和发展的机会，有各种社会资源可供利用，有政府支持，有亲朋好友相助，发展更快。

条件好，一定要珍惜。要充分利用好这些有利条件去寻找出更好的人生方法，创造更美好的幸福生活。

对于这些好条件，大部分的人都会利用得很好，但也有少数人不知道怎样去利用，找不到好的人生方法，这是他们动脑筋不够或是思路不对。有的人是好条件与自己的爱好不相符。如有的喜欢画画，喜欢到各种名山大川风景秀丽之地去写生，而不喜欢接替父亲去酒店当个麻烦多的总经理。有的人不喜欢当压力大的老板，更愿意去打工，他把自己办得不是很成功的小企业卖掉，出去打工，觉得打工更轻松。有的人很懒，不愿意接替父亲去当辛苦的工厂厂长，只喜欢跟一帮酒肉朋友到处去吃喝玩乐。有的人不喜欢拿家里的钱去进行实业投资，却喜欢拿钱去赌博，最后败光家产，甚至家破人散，流离失所。这是人们所不愿看到的，但社会上也确实有这种人。

社会上有些人对拥有的条件就能充分运用得很好。例如，有一个大型建筑企业的董事长，他得到了父亲的股份，继承了父亲的建筑公司。他接管了父亲的公司以后，没有停滞不前，而是进行了大胆改革，采用了一系列经营的好方法，在社会上招募了一批高端人才和管理精英，建立了一个全新的经营管理班子，让一个家族企业变成了一个现代化的企业，规模不断变大。经过他的艰苦努力奋斗，个人财富也迅速增加，最高时达到了上百亿元人民币，进入了中国大富豪之列。

有的父母虽然没有企业，但通过贸易做生意或其他方法赚了很多钱，并遗传给了后代，这也是一个很好的条件。那他们的后代就可以充分地利用这些条件，去进行投资，以钱赚钱也是一个很好的方法，或是利用这些钱去创办企业，通过企业生产产品，为社会增加财富，也为自己赚钱。

还有的父母有一技之长，是某个方面的技术专家或权威，子女从小就在身边耳濡目染接受这方面的教育，也会学到很多这方面的知识。当父母老了，肯定会很愿意传承给自己的下一代。如果子女也感兴趣，很可能会出现青出于蓝而胜于蓝的现象。

我们能经常看到的演艺界的著名演员，他们的后代也成了出色的演员。如有一位著名喜剧演员，他的儿子也成了喜剧演员，除了长得很像以外，还遗传了他的喜剧艺术细胞基因，也成了著名的喜剧演员，在中央电视台的春节联欢晚会上，他和别人配合表演的一个喜剧节目，让观众笑痛了肚子。

其他行业也是一样。有一个老中医师，他给人接断骨头的技术特别好。病人的骨头断了，一般的医生都是采用打石膏的方法，是在断骨处的外表周围敷一圈三四毫米厚的湿石膏，然后用长纱布带把湿石膏绑紧固定。但湿石膏有个缺点，就是水分干了以后，石膏本身会收缩产生缝隙，加上断骨处的肿胀好了以后，产生的缝隙就更大了。但石膏干了以后就硬化了，不能缩小变动。因为有了缝隙，所接的骨头位置会产生偏移，骨头不能按原位置接好，会错位。

而这位老中医师知道打石膏的缺点，所以他接骨头不打石膏，而是采用几块长竹片固定的方法来定位。他在断骨处三分之二的位置用竹片固定，三分之一的位置敷上黑药膏，然后用长纱布条绑紧定位。以后每天要检查调整再绑紧一次。因为断骨处都有肿大，敷药消肿以后，长纱布条会产生松动，断骨头会容易产生偏移错位，所以他每天都要检查，发现松了，马上就会再调整绑紧，骨头就不会错位了。有些在大医院接不好的骨头，甚至是粉碎性的断骨头，在他这里都接好了。

黑药膏是他在参考了古代医书，再自己研究配制出来的，对于消肿止痛、活血化瘀，效果特别好。他还申请并获得了国家专利。

他以前是在一家大型国有企业的附属医院工作，后辞职下海，创办了自己的专科医院。他的名声很大，每天都有上百人来他的医院看病，多的时候，他一天要看二百多个病人。因为精通中医，除了看骨科以外，还看风湿关节酸痛等其他病。他为人很好，收费也很便宜，一副黑药贴膏才收费12元钱左右，被人们称为老百姓的医院。

他也刻意培养他儿子，送儿子去中医大学深造，自己也传授他各种医术，特别是接骨技术和黑药膏的配制，更是精心培养传授。他去世后，儿子接了他的班，成了医院院长。他继承了父亲接骨和黑药膏配制的技术，添置了新的X光照片机等各种设备，每天也坐班接诊。他还聘请了不少医生和护士，买了新房子，扩大了医院的规模。

也有些人，有着很好的天然条件，却不会去利用，照样还是贫穷。例如有个山区的小村子，只有六户人家，除了种点水稻田和菜地，保持自己有饭吃外，还有大片的山林地都没有利用起来，唯一的作用，就是到山上去砍点柴火，用扁担挑到十五里路远的小镇上去卖点零钱，然后换回自己要穿的衣服、要吃的食盐等日常生活用品。多少年、多少代了，都是如此，生活得简单，但是也很贫穷。

改革开放以后，有三个浙江人来了，用了三十万元钱，买下了这大片山林地三十年的使用权。浙江人买了一些小树苗种上了，又把那条小路加宽了，把货车开进来，把一车车的木头和竹子拖出去卖了，大概一年多左右的时间就可以把成本收回来了。以后就是纯赚了。

山上大片的树林和竹子都是自然生长出来的，这几户农民从来就没有自己去种过树和竹子，那些树和竹子，多少年来都是自生自灭的。还有些成片的没有长出大树的、只有一些小树枝的茅草地，有时嫌茅草太多，路不好走，就会放火烧，一烧就是一大片。

如果他们把那条离大公路只有七里多路的小道加宽一点，把那些过分拥挤密集的大树和竹子砍掉一部分，请汽车拖出去卖掉，是可以卖很多钱的。另外，好好地规划一下，再补种一些生长快又好卖的杉树苗和竹子，再多种些橘子、桃子、梨子等水果树，再把一些小杂树茅草地开辟成葡萄种植园，还可以开办养牛场，山上就是天然的大草场，饲料都不用买，成本很低。本来他们是可以致富过上好生活的，有这么好的条件，但他们不会利用，结果历代都是过着贫穷的生活。

实际上，种树、种竹子、种葡萄、养牛，都是一些方法，一些可以致富的好方法，但他们不知道这些方法，更不知道如何利用这些方法去发家致富。这么好的天然条件，他们都不会利用，把机会都让给别人了，钱都让别人赚去了，真是太可惜，他们确实是吃大亏了。

现在有土地就是最大的财富，也是最有利的条件。所以说，有条件一定要充分利用，这才是硬道理。

第二节　没有条件要设法去创造

实际上，社会上的那些成功人士，有条件创业的不多，除了那些富二代，大部分都是白手起家的。特别是那些创一代，他们没有任何现成的条件，都是靠自己去创造各种条件，才得以开辟自己的辉煌事业，得以发家致富的。

他们创造的各种条件，不是一步到位，而是通过自己的艰苦奋斗，寻找各种机会去逐步发展的。他们也会遇到各种挫折和失败，遇到无数的困难和麻烦，但他们不怕任何困难和失败，百折不挠地向前进，最后才取得成功。

要创造条件，首先就要努力学习，从父母那里学，从老师师傅那里学、从领导同事那里学、从社会成功人士那里学、从各种书本和网络上去学。只有你的知识丰富了，能力和水平才会提高。所谓知识，就是对世界万物的认知和各种谋生的方法，你就可以从中找到自己发展的方向，知道自己怎样去创造各种条件，寻找到各种好的方法去达到自己的目的。

要创造条件，就要眼睛朝外看，敢于走出去。外面的世界那么大，人口那么多，肯定机会也很多，有能力的贵人也很多。只要你肯吃苦、肯努力、肯动脑筋、肯认真对待事业、肯真诚对人，你肯定能找到发展的机会，找到愿意帮助你的贵人。

前面所说到的贵州"老干妈"陶华碧，是没有读过一天书的、背负着一身债务的、从大山里的一个小村庄走出来的农村妇女，她有什么条件吗？她肯定是什么条件都没有的。她没有产品、没有钱、没有人员、没有厂房、没有生产设备、没有销售渠道，等等，这些条件都没有，但她最后竟成了最高时年销售额达70亿元人民币的全国有名的大型企业家。她所需要的大大小小各种各样的生产条件，都是靠她自己及她组建的团队千方百计地去创造出来的，才取得了如此高的成就。

　　江西蓝天学院的董事长、校长于果，他高考落榜，不是他成绩不好，他高考分数都超过录取线40多分，只是他有条腿部走路有点不太方便，他报考的学校就不愿意录取他，才落榜的。他有什么条件吗？肯定没有。他没有教室、没有老师、没有学生、没有政府批文，他什么条件都没有。但他通过自己的聪明才智，通过自己的艰苦努力，办成了最高时学生总数达40000多人、教职员工达3000多人的大型的民办大学。他需要的条件也是许许多多，都是通过自己的艰苦努力，千方百计地去创造的，才取得了如此大的成功。

　　现在社会上有许许多多的工厂企业、商贸企业、建筑企业、物流企业、酒店宾馆企业、农村种植企业、家禽养殖企业、科技智能企业，等等，这无数的企业，都是改革开放以后创办起来的，都是创业者们积极学习、奋力拼搏、动脑筋想办法、积极寻找机会、努力创造条件，才创办起来的。

　　他们刚刚创办的时候，肯定是困难重重。俗话说"万事开头难"，实际上也确实是如此。各种各样的条件都缺乏，缺少技术，自己就努力地去学习；缺少资金，就去银行贷款，向亲戚朋友借，或是变卖自己的房子和资产去筹钱；没有厂房店面办公楼，他们就去租去借；没有员工就花钱去请人，甚至连亲戚朋友也拉来帮忙；没有生产设备，就用人工做；没有销路，就在大街上发广告、上门推销、试销试用。他们想尽了各种办法，创造了各种条件，才把企业办起来、发展起来。他们生产出了各种各样的产品，提供了各式各样的服务，才让我们社会的物质十分丰富，人民的生活才如此幸福，国家才如此强大。

　　我们要以那些成功人士为榜样，刻苦学习、奋力拼搏、开动脑筋、寻找机会、创造条件，采用各种好方法让我们的事业成功，为家庭带来幸福、为社会作出贡献、为国家创造强大的资本。

第三节　条件无望要果断放弃

　　你想采用一些方法，但这些方法的构成条件即物质和形态，既没有也达不到，这些条件你都没有，就是想尽一切办法也达不到的时候，就要果断地放弃这种方法途径了。因为你不可能成功，要做也是浪费时间和精力。

假如有一个只有初中毕业文化正在打工的中年人，他看见航天员飞入太空，进入航天站工作，他很羡慕，产生了一个奇怪的想法，他也想当航天员，也想上太空去工作。他的梦想实际吗？他的愿望能实现吗？肯定没有人会相信，因为他任何条件都没有。一是文化水平太低；二是身体不合格；三是没有资格，因为他没有当兵，更不是空军飞行员，等等，他所有的条件都没有，他的梦想就是幻想了。他根本就不应该去做这样不切实际的梦，而是应该踏踏实实地去干好自己的工作，去寻找机会，创造条件，发展适合自己的事业。

现在年轻人追星族很多，其中有些人也梦想自己能成为大明星，他们也模仿大明星去做很多事情。实际上，只有极少数人才能成为大明星，而绝大多数人是成不了大明星的。因为他们条件不够。一是表演水平不高，二是缺少进入行业的机会，三是缺少适合你演的作品，四是没有导演愿意去找一个没有表演才华和经验的人去演他的主角。哪怕是有机会去当一个群众演员，也是很难成为大明星的。他应该立足实际，去做适合自己做的事情，也许在其他方面他会有更好更大的发展。

上世纪七十年代，有一个人自称他发明了一台永动机，不需要汽油、电力等外部能源就可自己转动，并带动其他机器工作。如果他的永动机真的能发明成功，那他的贡献就比发明蒸汽发动机的瓦特、发明电灯的爱迪生的贡献都要大。

他所说的这个发明，当时引起了轰动，很多人都去看他和他所发明的永动机，更希望能看到他对那台机器的演示。我也抽时间去看到了他和那台机器，在那里还碰到了市科委的主任，主任是去那里了解情况的，我们也认识。当时发明者住在一个大饭店里，一个人住一个房间，房间里放了一张大桌子，桌子上放了那台机器。机器不大，很小，大部分机构都用铁皮外壳包起来了，只有几个能转动的部件露在外面。

因去看他的人很多，为安全起见，身边还站有两个高大的年青人专职保护他，听说是自愿免费的。

我们都要求请他试验给我们看一下，但他不肯，就连市科委主任开口请他都不肯。但也有极少数人看见他开动过，据看过的人说，机器开动要对方位，只有位置对了，机器才会自动转起来。

世界上也有一些人在研究永动机，但没有一个人是成功的。因为这种机器没有遵守能量守恒定律，而能量守恒定律是经过许多科学家反复验证，是正确的。只能是一种能量转换成另一种能量，没有外来能源的驱动，这种机器是无论如何开动不起来的。

后来人们终于发现，桌面上有很细小的两根针尖，用肉眼不仔细看，几乎发现不了。是用两根很细小的缝衣针从桌面下反钉穿过来的，两根针的另一头各连接了一根很细的铜电线，并接了几节电池，藏在桌子的里面。桌子上的永动机的底座下设了两个电接触点，当电接触点刚好放到针尖上时，电池与隐藏在机壳里的小电动机的电路连通，小电动机带动外面的部件运动。外面看似永动机自己在转动，实际上是由暗藏在桌子里面的电池带动的，完全是一个骗局。后来这个人被公安部门带走了。

我们要知道，凡是缺乏条件，也不可能找到这种条件时，这种方法就不要去采用，要果断放弃，去寻找并采用适合自己的方法，发展自己、壮大自己，达到理想的目标。更不能去欺骗别人，否则下场是可悲的。

第七章　方法的机遇性

第一节　时不我待，只争朝夕

所谓方法的机遇性，是指有些方法是可遇不可求的。当方法有机会出现的时候，如果你觉得是一种好方法，采用了这种方法，对你的事业、发展、前途有很大帮助，能够很好地达到你的目的的话，那就要紧紧地抓住这个机会去采用。因为某种机遇的原因，这种方法的出现是有时间性的，一旦错过了这个时间点，机会就可能会失去。如果你没有及时抓住机会，那就永远失去了成功的机缘，就再也不可能找到和采用这个好方法的时机了，也就不能很好地达成目的了。

所以有些时候，真的是时不我待，只争朝夕。人生需要认准机会，抓住机缘，借助好方法，从而取得发展进步。

第二节　向前一步，抓住机遇

近几十年来，国内外环境稳定，国家实行改革开放，这是一个机会，一个大好的机会，就是这样一个大好的机会，有的人抓住了，而有些人却没有抓住，失去了这大好时机。

那些有开拓精神的、胆子大的、聪明的，就能抓住这个机会，创办现代化的新型企业，克服重重困难，千方百计地去发展自己的事业、扩大自己的企业，让企业不断发展壮大。自此，有许许多多的新型现代化企业，其中既有国有企业更有民营企业如雨后春笋般的涌现出来，有些还取得了巨大的成功，规模做得很大，跨进了世界先进行列。

有一个房地产公司的老板，本是一个地方政府的干部，改革开放初期，他便果断辞职下海，而且他抓住了旧城改造的好机会，成立了房地产公司。之间他也经历了许许多多各种各样的困难，但他能顽强坚持、奋力拼搏，积极地去面对困难、解决困难。例如，有一次，他的公司遇到了资金上的困难，他去借一笔几十万元的款，但对方就是不同意借，他先后去跑了四五十趟，去求这个人帮忙，但对方就是不肯答应。没有办法，他又去努力寻找其他办法，祈求其他人帮忙，最终还是解决了。经过他的各种艰辛努力，寻找和采用各种各样的好方法，终于把自己的公司办成了中国最大的房地产公司之一，个人资产已达好几百个亿，成了大富豪。

还有一位老板，他原是一家科研机构搞计算机研究的，上世纪八十年代，他已经进入壮年了，他和他的十余个同事，才创办了一家小公司，研究和生产手提电脑为主的产品。他也经历了许多的困难，刚创办不久，二十万元的创业费就被骗走了一大半，只过了二三年，他又被外地一家公司骗走了几百万元，当时可算是一笔巨款。后来虽然钱被追回来了，但当时困难重重。为了有钱给员工发工资，这些研究计算机的高级知识分子还在批发市场摆过地摊，卖过运动裤衩、电子表和旱冰鞋等小商品。但他和他的同事们百折不挠，克服重重困难，寻找和采用各种各样的好方法终于把公司办成了一家比较大的电脑公司，还并购了一些国外企业的个人电脑业务，公司也不断得到发展壮大。

而有的人，是开拓精神不够，事业心不强，胆子也不够大，生怕创业失败，没有生活来源，就不敢下海，不敢自己创业。不过那时要找一个工作也确实很难。还有一个很大的原因，就是他们对以后国家发展的趋势认识不清，缺少发展眼光，认为有一口安稳饭吃就可以了，不敢去冒各种风险，就继续留在原有企业慢慢干着，失去了个人创业的大好机会。

也有一些国有企业的领导者，紧紧地抓住了改革开放的大好机会，他们具有开拓创业精神，敢于开发新产品和新技术，敢于引进国外先进技术设备，敢于采用现代化企业的管理方法，这些企业还是发展得很好，工人的工作稳定，收入也是可观的。

除了政府和形势发展提供的各种机会外，每个人一生中也会遇到各种各样的机会。如：有机会上好幼儿园、上好学校、找好的工作、找好的对象、有好的提升机会、有好的赚钱机会，等等。

如果你去找工作，能去的单位和工作可以选择，一旦碰到了有你满意的工作和单位，你就要努力地去争取，千万不要错过这种机会，因为机会难得啊。

一个人长大以后，就要成家立业了。找对象也确实是个难事，茫茫人海，找谁呢？不确定因素很多。自己看上的，人家又不同意，人家愿意的，自己又不满意，很难找到一个合适的。如果有一个机会，正好碰到一个女的，她对你印象不错，而你又很喜欢她，这么好的一个机会，你就千万不要错过了。你就要主动接触她、追求她、关心她、帮助她、爱护她，向她主动表示爱意，让她动心，接受你的爱意。更重要的是，也要让她爱上你，只有相互生爱，你的婚姻生活才会是幸福的。如果你不敢主动接触，不敢表达爱意，那你就会失去这样大好的一个机会，因为女的跟你既非青梅竹马，也不是非你不嫁，她可能很快就会被其他爱上她的男人拉走了。

你也可能碰上你一生中最大的贵人。这个贵人也可能是你的领导，他看上你的才能和吃苦耐劳的精神，愿意提拔重用你；也许是一个愿意帮助你的有钱人。他可以借钱或投资给你，让你的企业渡过难关；也可能是一个大老板，手里有不少项目，愿意给你项目、市场和业务，让你发展壮大；也可能是一个技术水平很高的人，是某一个方面的权威和专家，而他也愿意把他的技术和知识传授给你，你就应该紧紧抓住这个机会，虚心向他学习、向他请教，让你也有机会成为这方面的权威和专家。如果你处于最困难、最低谷、最绝望的时候，有人帮助并拉你一把，让你脱离困境并走向辉煌，这就是你最大的贵人，也是你的最好机会，你就要紧紧地抓住，千万不要错过了。

不管你遇到了什么样的好机会，你都要紧紧地抓住，不抓住，就会错过，以后再也难以碰到。抓住了机会，你还要多动脑筋、多努力、奋力拼搏，积极地去寻找和采用各种好方法，才能把机会利用好，把事业做成功，否则，你不努力，机会再好也是没有用的，因为是你浪费了。

上个世纪八十年代，有一个女孩，做了模特表演工作。她个子有1米78，身材苗条，虽是丹凤眼，但不是很大，她皮肤比较白，但脸上有点小雀斑。在行业内，她只是个一般的模特演员，没有什么名气。一天，一个外国人碰到她，知道她是模特演员，发现她身材很好，有表演气质，就对她说，愿不愿意跟他去法国巴黎，加入他的服装模特表演队？

女孩立刻意识到，这是她的一个很好的发展机会，就立刻答应了他的要求。她跟着他到了法国巴黎，参加了许多服装表演会，还有机会去了意大利米兰等不少的国家和城市，参加了服装表演。抓住这个机会，她成功了，出名了，成了西方国家有名气的一个服装模特演员。

她本来只是出身于一个普通老百姓的家庭，也算是扬名立万了。她不但遇到了好的机会，也紧紧地抓住了这个机会，更是通过自己的努力，做出了成绩，才有了这样好的结果。

第八章　方法的系统性

第一节　方法系统性的广度

一个总的目的要由一个总的方法去完成。而总的目的是由许多分目的组成的，每一个分目的都必然要有一个分方法去完成，所以，总的方法也是由这许多的分方法组成的。当采用所有的分方法达到了所有的分目的以后，总目的就实现了，同样，总的方法也就完成了它的使命和作用。

所谓方法系统性的广度，是指一种总的方法，是由许多小的方法组成的，当这许多小方法都完成以后，总的方法也就完成了，我们要实现的总目的也就达到了。而这些小方法都是要求在一个层次的平面内，都是同一次性也是同时都要完成的。这种小方法越多，方法系统性的广度就越大。

我们前面说过，方法是由物质和它的形态构成的。而方法是由单一的物质及单一的形态构成得很少，绝大多数的方法都由多种物质、多种形态构成的，有的方法甚至是由很多种物质和很多种形态构成的。说简单点，就是一种方法，是由多种小方法组成的，而每一种小方法又是由其小物质和小形态组成的，这些小物质小形态组合构成了总方法的物质和形态。当所有的小方法完成以后，总的方法也就完成了，我们的总目的才能实现。

但所有的小方法，必须服从于总方法中的要求和规定，不能超出总方法的范围，因为总方法是一个整体，超出了就会影响总方法的采用和总目的的实现，这种超越总方法范围的小方法就不能使用了。

如我们前面所举的骑自行车的例子。骑自行车这种方法，是由上车的小方法、坐上座位的小方法、踩踏足板骑行的小方法、拐弯的小方法、下车的小方法等这几种主要的小方法组成。这些主要的小方法完成了，骑自行车这种总的方法才能完成，这些小方法都是有连贯性的，缺少其中主要的小方法，哪怕是只有一种主要的小方法，总的方法也完成不了。如缺少上车、骑行、拐弯这些小动作小方法，骑自行车的方法就完成不了，哪怕是最后一个下车的小方法，缺少了也不行，因为不是摔跤，就可能是永远下不了车。

现在冬天了，天气很冷，我们每个人都需要穿衣服保暖。穿衣服保暖是总的方式方法和目的，而穿鞋子、袜子、裤子、上衣、戴帽子、围巾、手套等，都是其中的一些小方法，由这些小方法组成了穿衣服保暖这种大的方法和目的。而穿不同的鞋子、袜子、裤子、上衣，戴不同的帽子、围巾、手套，就是不同的小方法小手段，小方法的不同也会引起总的方法的改变。只有这些小方法都完成了，总的方法和目的也就完成了，我们身体保暖的目的才能很好地实现。

当然，有些小方法没有完成，并不影响总的方法的完成。如不戴手套对身体保暖并没有很大影响，但是有些主要的小方法没有完成，那就会影响到总的方法的完成。如不穿上衣或者裤子，那身体肯定还是会很冷，身体保暖的总目的就不能很好地达到了。人照样会觉得寒冷，照样会生病，特别是不穿上衣和裤子，不雅观，会遭人耻笑。

我们生产汽车、高速列车、飞机等大型产品，不同的产品就会用到不同的生产方法。而这种大型产品大都是由上万种零部件组成的，每一种零部件都需要一种小的生产方法去完成它。也就是说，生产汽车、高速列车、飞机等这些总的方法，是由成千上万种小方法组合成的，只有这些成千上万种小方法都完成了，那总的方法和目的才能完成。我们的汽车、高速列车、飞机等这些大的产品才能生产出来。这也充分说明这些大型产品的生产就是一种系统工程，而且是比较大比较复杂的系统工程。

汽车、高速列车、飞机等这些大型产品组成的零部件基本上都是上万件，一个厂家是不可能全部生产出来的，假如要全部生产，那投资是十分巨大的，效益也是极其低下的，没有哪个厂家愿意这样做。而不少的零部件都是由专业的生产厂家生产的，因为只有专业化的生产，效率才最高、效益才最好，成本低价格也最低。汽车、高速列车、飞机这些生产厂家，只有那些主要的零部件才会自己生产，而自己不能生产的零部件都是通过购买的方法来得到的。当所有的零部件全部都生产完成和购买得到之后，一部汽车才能组装成，缺少零部件，哪怕是缺一种零部件，汽车也下不了生产线。缺少零部件的汽车，是检验不合格的产品，是不能销售出去的。当汽车的零部件全部完成之后才能组装成汽车，汽车的零部件越多，生产汽车的小方法就越多，这种汽车生产方法系统性的广度就越大。

从以上可以看出，我们做的许多事情，都是由一些小事情组成的，每一件小事情就需要一种小方法，当所有的小事情完成以后，总的方法才能完成，我们的最终目的才能达到。这些小方法都是在同一个层次上，这就是方法系统性的广度，而且这种小方法越多，方法系统性的广度就越大。

第二节　方法系统性的深度

所谓方法系统性的深度，就是指总的方法是由许多小方法组成的，而这些小方法又是由多层次组成的，每个层次都是独立完成的，但一定会是完成第一个层次后，再去完成第二个层次，第二个层次完成后再去完成第三个层次，直到最后一个层次的完成，这种小方法才算全部完成，并成了总方法中的一个组成部分。这种小方法中的层次，就是方法系统性的深度，层次越多，深度越大。

前面说过，一部汽车是由上万个零部件组成的，而有很多的零部件都是由多道工序加工完成的。如发动机这个零部件就有很多道的加工工序，有发动机模具的制作、铁水的熔化浇铸，浇铸成型后的发动机，还要通过车、钳、刨、铣、镗、钻、攻丝等多道加工工序才能完成。每一道工序加工都需要一种生产方法，各道工序之间的生产方法大都是不一样的，所有的生产工序都是严格按照生产工艺要求的顺序来一道一道完成的，完成第一道工序，才能开始加工第二道工序，直到最后一道工序完成时，发动机的加工才算全部完成了，但还要经过严格的检测和调试，质量完全合格，发动机才能安装到汽车中去。这就说明汽车发动机加工方法是系统性的，而且有比较大的深度。哪怕是最简单的一个螺丝也是要通过几道工序加工才能完成的，说明很多方法都是系统性的，而且都是层次多有深度的。

我们知道各级政府都会制订一年、三年、五年的计划、规划与奋斗目标，这些计划、规划与奋斗目标，也就是各级政府要达到的目的。这些奋斗目标通常会被政府细分到各地区、各行业、各企业单位上去，还要明确月度、季度、年度要完成的指标。为了完成这些奋斗目标，政府会相应制订出各种方针、政策、方案与措施，这些方案与措施就是完成各种奋斗目标的方法。

各地区、各行业、各企业单位也会根据政府总的奋斗目标，以及划分到本地区、本行业、本企业自己具体的分目标的情况，制订出自己应该完成的具体的奋斗分目标。也会按照上级下发的方针、政策、方案与措施，并根据自身的情况，制订出更具体的行动方案，也即完成奋斗目标所必须采取的各种小方法，来努力完成自己本身的分目标。

总的奋斗目标，是要各地区、各行业、各企业单位都通过采用各种各样的小方法来共同完成而实现的。而各种各样的小方法，也是各地区、各行业、各企业单位按月、按季度、按年度分很多个层次来完成的。如年度计划，按月分，可划分为12个层次；按季度分，可划分为4个层次。采用相应的小方法达到了各个层次和阶段的小目标，继而才能达到所有层次的小目标，总的目标也就实现了，这就体现了方法的系统性和深度。

我们每个人都有自己的一年、两年，甚至一辈子的奋斗目标，也要采用各种方法去实现。总的目标要按时间细分为具体的各层次的小目标，这种多层次的小目标也是要采用各种小方法才能完成的。当采用所有的小方法完成了所有的小目标以后，总的目标也就实现了。总的目标，需要有总的方法，而总的方法是由具有多层次的许多小方法组成的，这就是方法系统性的深度。小方法的层次越多，方法系统性的深度就越深。

大多数的方法都是有系统性的，而且具备一定的广度和深度，我们可以利用系统工程学中的一些方法来设想和构建自己的方法论，也是有很大的帮助的。

第九章　目的与方法的互换性

第一节　目的可变为方法

前面讲了，一个总目的，是由一个总方法来实现的。而总目的，是可以由多层次的小目的组成的，同样，总方法也是由许多小方法组成的，而这些小方法是可以分层次的，每一层的小目的由一个对应的小方法去完成。

这一章我们要讲的是，第一层次的小目的，采用第一层次的小方法去实现以后，就要进入第二层次的小目的，同样也要采用相对应的第二层次的小方法去达到。有趣的是，这时可以把第一层次的小目的，变换成第二层次小方法的一部分，继而可去达到第二层的小目的。到达第三层时，也可以把第二层的小目的，变换成第三层小方法的一部分。也就是说，前一层的小目的，可以转换成后一层的小方法中的一部分，直到实现总的目的为止。

例如，年轻人大都有一个梦想，也是总目的，就是希望读到大学毕业，拿到大学文凭，甚至拿到硕士或博士文凭。因为有了这些文凭，就意味着有了较高的学历和丰富的知识，才能找到好的工作，生活才会富裕幸福起来。

读到大学毕业，取得大学毕业文凭，这是他的总目的，这个总目的，也是要通过多个层次的小目的来逐步达到的。而每个层次的小目的，又是要采用适用于各个层次的小方法来实现。

首先第一个层次，就是要学完小学六年的文化课程，经考试合格，取得小学毕业文凭。在这个阶段，达到小学毕业文化水平，取得小学毕业文凭，是他这个层次的小目的。为了达到这个小目的，采用的小方法是到小学的学校去读书，听老师讲课，学完这六年由国家统编的课程。至于在哪个学校上课，听什么老师讲课，只是上学的方法，因为不同的学校、不同的老师就是不同的上学方法，找到好的学校好的老师，你的学习方法就好，学习的成绩也会好，你的毕业文凭就更容易取得。

第二个层次的小目的，就是要上初中，达到初中文化水平，拿到初中毕业文凭。方法就是要到初中的学校去读三年书，听老师讲课，学完初中的三年课程。

小学六年学习和积累的知识，是小学层次要达到的小目的。但到了初中这个层次，要学习和积累初中的知识，就必须要运用小学所学到的各种知识，这些知识是初中学习的基础，没有这些基础，初中的课程你就听不懂，就难以学下去。你学习不好，考试不及格，初中文凭就拿不到，你在初中这个小层次的小目的也就达不到。

可见，小学六年学习和积累知识是小学这个小层次的小目的，但到了初中，小学这个层次的小目的就变成初中这个小层次的方法了，而且是初中这个小层次要采用的小方法中的一部分。因为是小学毕业文化的基础，加上初中三年的学习，你才能达到拿初中毕业文凭的目的。

以此类推，同样，学高中的课程也是要以初中的知识为基础的，没有初中的文化知识为基础，是读不了高中的课程的，你同样拿不到高中毕业文凭。这样，初中学习和积累知识是目的，这个目的到了高中，就成了高中学习方法中的一部分了。

高中毕业后，还要参加高考才能上大学。实际上高考也是一种方法，通过高考，各个大学就可通过成绩来选拔学生。

同样，上了大学以后，大学的课程，是要以高中的知识为基础的，没有这些基础，大学的课程是无法学下去的，学不下去，也就拿不到大学毕业证书，目的也就达不到了。高中学习积累知识的目的，到了大学，变成了大学学习方法中的一部分，这就是目的和方法的互换性。

同时，我们也应该看到，在前面的每一个小阶段中，都应该认真对待，扎扎实实地把所有知识都要学好、弄懂，并能熟练掌握好、运用好，否则对后面的学习是会有很大影响的，也影响总目的的实现。

第二节　方法不能变为目的

第一节讲了，前一层次的目的，可变成后一层次方法的一部分，用以达到后层次的目的。因为后一层次的方法是要以前一层次的目的为基础的，没有这个基础，后一层次的方法是采用不了的。但方法呢，方法与目的是有区别的，前一层次的方法到后一层次还是可以用的，但方法就是方法，方法变成不了目的。

例如，有一个年轻人，他被招工进了一个酒店，成了一名炒菜的学徒工。他对自己的要求比较高，第一个奋斗目标就是要让自己当上厨师。他工作勤勤恳恳，虚心好学。他不但虚心向自己的师傅学习，还虚心向其他师傅请教。他肯动脑筋，肯钻研，技术上提高很快，学到了很多炒菜的好方法。但他并不满足，又挤时间到职业学校去参加炒菜培训班，经考试合格，拿到了三级厨师证书。三级厨师的水平就比较高了，不但菜要炒得好，还要会雕花、拼花，然后放入菜盘中，体现一种艺术性。他又通过培训考试，拿到了二级厨师证，他的炒菜水平又上了一个台阶。他就是通过这许许多多的好方法，学会了炒菜，达到了较高的水平，拿到了二级厨师证。让这个阶段的目的达到了，而且可以说是很理想了。

他看见有的人开私营馆子店成功了、赚钱了。他又产生了一个新的奋斗目标：自己也要当老板，开一个大酒店，赚大钱。

他刚参加工作不久，工资很低，没有存款，是没有钱去投资开一个大的酒店的。没有办法，他就决定自己去创造条件，分几步走，第一步是摆个小摊，不需要什么投资，先赚点钱；第二步，拿路边小摊赚的钱去租个小店，等有了钱，第三步就是开个大酒店，自己当老板，赚更多的钱，这是他最后的奋斗目标，也是他的总目的。

他计划分三步走，实际上是属于三个层次，加上前面他想当厨师，应该可以分四个层次了。

在第一个层次中，他通过采用努力向师傅们学习、参加培训考试的方法，拿到了二级厨师证，达到了他想当厨师的目的。

在第二个层次，他在路边摆了一个炒粉炒面的小摊，放了两张桌子，没有钱请帮工，就拖着老婆来当服务员，开成了夫妻小摊。他把第一层次的想当厨师的目的，变成第二个层次的方法了，因为他把当上厨师所学到的各种炒菜的好方法，用来炒粉炒菜了。他炒出来的粉和菜确实很好吃，又经过他的有意宣传，人们都知道这是当上了二级厨师的人炒出来的，来吃的人很多，经常会出现排队等候的现象。他赚到了第一桶金，他第二个层次的目的达到了。在这个层次，他是通过炒菜、炒粉给顾客吃的方法来达到赚钱的目的的。

他顺利地进入第三个层次。他不再在路边摆小摊了，而是租了路边一个稍大点的店面，里面摆了八张桌子。他把第二个层次赚到的一批钱的目的，变成第三层次的方法了。因为是他把前面赚到的钱，用来租了房子、搞了装修，买了桌子、凳子、冰柜、碗、锅、灶等各种饭店用品，招了徒弟、请了服务员。他当厨师所学到的各种炒菜的好方法，更是得心应手，炉火纯青，由他坐镇，炒出来的菜确实好吃。他出名了，顾客盈门了，他想赚更多一点钱的第三层次的目的也就达到了。第三个层次采用的方法，也是与第二层次一样，也是采用炒菜、炒粉、炒饭给顾客吃的方法来达到赚钱的目的。

第四个层次，他的目的是要当真正的大老板，要赚更多的钱了。他把第三层次的赚到钱的目的当方法了，用第三层次赚来的钱，购买了两层面积很大的房子做酒店，进行了豪华装修，既有豪华包间，又有可摆很多桌子的大堂，整个酒店可以开100张桌子的大型酒席。规模很大，他培养了多个徒弟，聘请了几个高水平的厨师，还请了不少的服务员和工作人员。炒菜的活就交给徒弟和请来的厨师们去干，其他的事就交给服务员和工作人员去干，他就安心搞好管理当老板了。

当钱越赚越多的时候，又产生了新的想法，有了新的奋斗目标，他要开连锁店了，这是第五个层次。他又把第四层次赚到的钱的目的当作第五层次的方法来用了，他把赚到的钱不断地在其他地方买房子，开新的连锁酒店，规模都和现在的差不多大，把现在的经营模式也复制过去。先后开了五家连锁店，到了二十一世纪初的时候，他已进了全国酒店100强。真正成了大老板了，他的总目的达到了。

第五层和前面的第二、三、四层一样，都是采用炒菜、炒粉、炒饭给顾客们吃的方法来达到赚钱的目的。

从第二层到第五层，都是前一层次的目的赚到的钱，用来租、购、装修房子，并购买开饭店所需的锅、灶、桌子、凳子等各种用品用具，变成了后一层次方法中的一部分，也就是变成了后一层次方法中所需的各种物质。而每个层次所采用的方法都是炒菜、炒粉、炒面、炒饭给顾客吃，从而达到赚钱的目的。从中可以看出，前面层次的目的，可以变成后面层次方法中的物质部分，因为都用来购买房子、锅、盆、碗、灶、桌子、凳子等用品了。而前面层次的方法到后面层次可以照用，都是一样炒菜、炒粉、炒面、炒饭给顾客的方法，但方法就是方法，方法不能变成目的，方法的采用只是为了实现目的，因为赚钱才是目的。

从这一章里，还可以悟出一个道理，就是每一个层次的事情，都要认真做好，只有前面的事情认真做好了，后面的事情才容易做好；如果前面马虎了，没有把事情做好，后面的事情也就难以做好。

第十章　方法的道德性

第一节　道德败坏的做法要坚决制止

所谓方法的道德性，就是你所采用的方法，除了能达到你自己的目的、对你自己有利以外，也应该是对国家、对社会、对别人、对自然环境有利的，假如你采用的方法是以损害国家、社会、别人以及自然环境为条件的，那这方法是一种不好的方法，也就是说，这是一种道德败坏的方法。对这种道德败坏的方法，我们是要坚决反对并加以制止的。

你只花几天时间，就把山上生长了很多年的树都砍光了，并拿去卖了，你是发财了，但破坏了自然环境，对人民不利、对子孙后代不利，这就是一种道德败坏的方法，也是要加以坚决制止的。如果你不是乱砍，是有计划地砍，而且是边砍边种，种得多砍得少，不断地扩大绿化面积，你这种方法就可行。

所以，我们要达到目的，不管采取任何方法，都要在道德允许的范围内行事，千万不要超越道德范围，做违反道德的事情。而那些人民的敌人以及坏人故意违反道德标准，做道德败坏的事情，我们是要坚决反对和制止的，甚至要动用法律来制裁他们。

道德规范的范围主要有下列几点：

1.不得损害国家利益

不管是谁，也不管是采用什么方法，都不能损害国家的利益。这个国家的利益，就包括国家的安全保障、国家的形象信誉、国家的物质财富等。

而国家的安全保障，主要有政治安全、国土安全、军事安全、经济安全等。你所采用的方法，不能破坏党的领导和政权，不能破坏党在人民群众中的威望，不能离间党与人民群众之间的关系。

有极个别的人，被国外的情报部门收买，为了赚钱，不惜刺探和出卖各种国家机密情报，等等。他们采用出卖国家机密情报的方法来赚钱，严重地影响了我们国家的军事和领土安全，这是我们要坚决反对的，而且要采取最严厉的措施制止和打击他们。

还有些人，把贪污受贿得来的钱，欺骗压榨得来的钱，而且数额巨大，有的转移到国外去，用于他们在国外挥霍享乐。非法占有了国家和人民的财富，也是极其不道德的，我们要坚决反对，严格剥夺他们侵吞的国有资产，归还祖国和人民，还要用法律制裁他们。

还有一些人，歪曲事实，拼命地抹黑中国、唱衰中国，也是我们要加以反对的。

2. 不得损害社会和人民的利益

我们所采用的方法，不得损害社会和人民的利益，这也是我们要坚持的原则。有的人为了自己的一己私利，不顾社会和人民的利益，有的甚至严重地损害了社会和人民的利益，这也是一种道德败坏的方法，我们也要严格制止，有力打击。

有些商家，为了不让商品腐烂，就在食品中加入过量防腐剂，还有些商家，为了让食品卖相好看，让食品变白，变得光鲜，也在食品中加入某些化学元素，或者放在一些化学药品中浸泡，这些化学药剂是对人体有害的，是一种极不道德的方法，损害了人民的利益，肯定是要受到谴责的，严重的要受到法律制裁。

3. 不得损害别人的利益

有的人，不是凭自己的聪明才智、自己的辛勤劳动去获得劳动成果，而是采取了强取豪夺、隐瞒欺骗的方法，将别人的利益据为己有，不劳而获。这些方法，也是不光彩、不道德的，是我们要予以坚决反对的。

近些年来，网络上诈骗分子很多。有的是盗取别人的个人身份信息和银行卡信息，把别人的钱骗走的；有的是打着理财、投资的名义，许以高利息、高回报的幌子骗取别人钱财的；有的是冒充公安人员、银行工作人员的名义来骗取钱财的，等等。他们骗取的钱财成千上万，有的集资案高达上亿，害得许多人倾家荡产、人财两空。有的骗子甚至把总部设在国外，花钱雇人当帮凶，让国内的人上当受骗，把骗来的钱转移到国外，给公安部门破案带来很大麻烦。他们采用的这些方法是极其不道德的，也是要坚决制止并严厉打击的。

除了骗钱骗财的，还有骗取名誉、骗取信任的。有的人为了自己能评上技术职称，为了自己能在职务上得到提升，给竞争对手设置重重障碍。在领导面前，捏造事实，说别人的坏话，打击别人，贬低别人，在群众里面挑拨离间，攻击别人的缺点，把白的说成黑的，破坏别人的名声，破坏离间竞争对手与领导和群众之间的关系。骗取领导的信任，得到本应该属于别人的职称和职务。他的方法手段是极其恶劣的，也是要极力反对的。

4.不得损害生态环境

生态环境，包括自然环境和人文环境。我们都希望生活在一个青山绿水、鸟语花香、舒服美丽、清洁卫生的自然环境中，但有的人为了自己的利益乱砍乱伐，把青山变成了荒山；有的人为了自己方便和省钱，直接将废水脏水排入河流湖泊，破坏了水质，成了污水横流，影响了动植物的生存条件；有的人为了自己的方便，到处乱倒垃圾乱吐痰，破坏环境卫生，这些行为方法，我们都是要反对的。还有的人称王称霸，打打杀杀，横行乡里，造谣生事，无事生非，唯恐天下不乱，破坏了人文环境和谐，对他们的这些行为方法，我们同样也是要坚决反对的。

第二节　道德优秀的方法要大力支持

有些很善良的人，他们节衣缩食，把省下来的钱支援灾区、支援残疾人、支援贫困学生和家庭，做慈善事业。现在有许多企业家，他们通过自己的艰苦努力，创造和使用各种各样的好方法，让自己的事业发达了、让自己的企业发展了，赚了很多的钱，他们富裕起来了。但他们也没有忘记那些还处在贫困中的人们，以及那些失学儿童、孤寡老人、残疾病人，他们用自己的部分资金建立了慈善基金会，通过慈善基金会运作的方法，来支援那些突然遭遇疾病、火灾、水灾、旱灾、地震等各种灾害而陷入生活贫穷的人们。让那些得了重病无钱看病而陷入绝境的人得到治疗，有了新生的希望；让那些因自然灾害而倾家荡产的人有了新的家园和能够生存下去的生活来源。他们还在一些贫困山区建立了各种希望学校，让那些因贫困而失学的儿童有机会上学，支援那些无钱上大学的学生去完成自己的学业，让知识去改变他们的命运。

在2022年中国个人捐款慈善榜上，"京东公司"创始人及董事长刘强东共捐款高达149亿元钱，列第一名；"美团公司"创始人及董事长王兴共捐款147亿元排第二名，"小米科技"创始人及ＣＥＯ雷军共捐款145亿元排第三名。还有历年来捐款上百亿的人有"玻璃大王"曹德旺等人，还有捐款上亿的、上千万的、上百万的人很多，他们都为中国的慈善事业作出了巨大的贡献，我们都要向他们学习。

香港电影界的传奇人物邵逸夫，很多年以前，就为国内许多大学及中小学校捐了款，盖了不少的"邵逸夫大楼"，这些大楼都用作了各个学校的图书馆和教学楼。

美国的"软件大王"比尔·盖茨退休后，更是把私人名下的全部财产，没有留给自己的子女，而是建立了慈善基金会，全部捐给了社会。要知道，他曾是世界首富，个人资产高达180亿美元。

除了做慈善事业以外，只要我们采用的方法，除为自己赚钱外，也为国家、为社会、为人民群众带来了好处和帮助的，都是属于好的方法、有道德的方法，都是要予以支持的。

例如有一些集团公司，在国内建立了各种网络，还连通了国际网络，开展了网上购物等各项业务。网络公司自己赚了钱，也为老百姓提供了方便，这也是一种很好的方法，既为购货人提供了方便，也为销货人解决了困难。通过这种方法，人们购买自己所需要的商品，不再需要跑到很远的街上，甚至是更远的外地去买，现在只需要在电脑或手机上轻轻地按下几个按钮就可以了，很快就有人把货送上门，节省了大量的时间和精力。现在的年轻人工作忙，压力大，时间特别紧，根本就没有时间去上街和购买东西，有了网上购物这种方法，不管他们想要什么东西，不管是哪里的东西，只要打开智能手机一查，就可以在全国范围内看到自己所需要的，直接在手机上下单付款，足不出户，坐在家里，就可以买到自己所喜欢的东西，就有人送货上门，了却自己的心愿，为他们提供了极大的方便。

网上销售，更是为一些企业，特别是为一些边远山区的企业和农副产品的销售提供了很大的方便。以前有了产品，采用的方法是自己要出去上门推销，去的地方不一定卖得掉，卖得掉的地方可能又没有去，而且能去的地方总是有限的。特别是一些农副产品，销售时间短，因为信息不通，销售特别困难，很容易过期烂掉，农民损失惨重。有了网上销售这种方法以后，只要把自己产品的信息往网上一挂，全国甚至世界各地有需要的人，只要在网上一点击，就可查到。一下购货单，既可提前付款，也可货到付款，货物通过物流就可发出去了。

网上购物的方法，虽然为网络企业赚了钱，但方便了顾客，也为企业和边远的山区农民解决了产品销售难的问题，还为许多年轻的快递员解决了就业的问题。当然这种便捷的方法也影响了一些实体商店的生意，现在一些实体店也在开展扩大一些网上销售的业务，以弥补他们的一些损失。

上世纪六十年代开始，全国人民都向雷锋同志学习，这也是营造全国范围内良好社会风气的一种好方法。

雷锋同志的优点是，他一心为公、一心为工作、一心为人民服务，从来就没有私心。他非常热心帮助别人，别人有需要、有困难，他就会主动地去帮助，他短短的一生喜欢做好事，也确实做了许许多多的好事，而且做好事不留名，喜欢做无名英雄。

　　如果大家都向雷锋同志学习，做他那样的人，大家都去关心国家、关心集体、关心别人，有工作大家一起去完成、有困难大家一起去克服。没有勾心斗角，没有相互欺诈，没有偷蒙拐骗，大家相互团结、相互友爱、相互关心、相互体贴、相互帮助，做到夜不闭户、路不拾遗，这是多么好的社会风气啊！

第十一章　方法的实动性

第一节　从心动到行动

不管是什么目的，都必须采用一种好的方法才能达到，所谓"采用"，也就是心动不如行动，要按照这种好方法的各种程序、规定和要求去落实，去踏踏实实地做，不用实际行动去做，目的是达不到的。如果没有方法，心中就会无底，实际行动也就不知道怎样去展开落实。有了方法，才知道怎样去做，一步一步去做方能达到目的。

只要开始付诸实践，一切都不会晚，但最重要的是做，抓住时机，从心动到行动。

第二节　方法贵在落实

方法，一定要变为实际行动，才会有用，如果方法只是停留在人们的大脑中、停留在书本上、停留在电脑中，而没有变为实际行动，方法是没有用的。

有的人，各种目的有很多，知道可以采用的方法也很多，但他就是懒，不愿动，没有积极性，没有采取实际行动，他的任何目的都不会实现。

所以，当人们有了目的，就要严格按照所要采用的方法的各种程序、规定和要求去行动，实实在在地去做，才能达到自己的目的，没有这种方法的实动性，目的是达不到的。

在北方的一个农村，每年都要种不少的花生，但花生每亩地的产量只有二百多斤，有点低。为了提高产量，有一位农业专家和当地农民，在花生开花结果期间到花生地里蹲守了六十多个日日夜夜，仔细观察花生的开花、结果和生长情况。最后发现花生的第一侧枝开花结果最多，占全株结果的百分之六十到百分之七十，第二侧枝占百分之二十到三十，第三以上的侧枝结果占比例很少。花生是要在地面上开花，再钻到土里结果的，但有些第一侧枝生在土里面，还长不出来，就开不了花，当然也结不了果，影响了花生的产量。于是他们想出了"清棵蹲苗"的方法，也就是用很小的铲子把土扒开来，让第一侧枝露出长到土的外面来，以利于第一侧枝的开花。他们还发现花生主茎会疯长，跟花生果子争抢水分和肥料，也影响花生的产量。他们又采用了打顶芯的方法，也就是把花生苗中间的顶芯割掉，让它不再往上长，这样就有利于第一侧枝和第二侧枝的生长，开花结果就更多了。此外，他们还采用了精选良种、合理密植、地垄灌溉等一整套好方法，使花生的产量，有了大幅提高。

为了取得花生生长的知识，采用的方法是直接到地里去蹲守观看，他们就按照这种方法的要求，在花生地里辛辛苦苦地蹲守了六十多个日日夜夜，如果不采取这个实际行动，他们是发现不了花生主要是靠第一侧枝长出来的情况，接着他们又采用"清棵蹲苗"的方法，去地里实际行动，用小铲子把土扒开来，让第一侧枝都往外面长；还用实际行动去精选良种、合理密植、地垄灌溉，如果不采取这些实际行动，每亩花生产量是不可能由二百多斤增加现在近700斤的。

医生看病用的听诊器，是法国医生雷奈克发明的。一次有个贵妇来看心肺病，雷奈克平时是用自己的耳朵贴近病人胸部来听声音判断的，贵妇比较传统，他不敢靠近贵妇的胸脯去听，这让他很为难。但这件事情一直留在他的大脑中，思考着怎样解决。

一天他到朋友家去，看见两个小朋友分别站在一根空心木头的两头在玩游戏。空心木头还比较长，一个小朋友拿一根小针在一端敲木头，另一端的小朋友高兴地叫道："我听见声音了！"

看见这个游戏，他突然产生了一个灵感：我是不是也可以用一根长点的空心管子放在贵妇的胸口，来听她的心脏和肺部发出来的声音？说不定，这也许是一种诊断疾病的好方法呢。

他立刻行动起来，马上回到了医院。他找到了一块硬纸壳，卷成了一个空心圆筒，放在病人的胸部，试听了一下，还真的听到了声音。他很高兴。于是他找来了纸张、木头等各种材料做试验，最后用雪松和乌木做成一个长30厘米、外径3厘米、中心孔径5毫米的听诊器，效果很好，听得很清楚，一下子就在很多医院普及开了。现在全世界的医院都在用这种听诊器，不过后来人们又作了改进，由单耳听改为双耳听，木头管改为细铁皮管与橡胶管连接在一起，更加方便、更加清楚了，效果也更好了。

雷奈克一个偶然的机遇，产生了灵感，想到了一个用空心圆管做听诊器去诊断疾病的好方法。他马上回到医院，找到了纸张、木头等各种材料做试验，最终把听诊器做出来了。现在全世界的医院都在用听诊器，如果当时他有了机遇、也有了灵感，但没用实际行动去寻找各种材料，也没有去做试验，听诊器肯定是做不出来的，这就是方法的实动性。由此可以看出，方法的实动性非常重要，只有积极地去行动，才能很好地达到我们的目的。

▍ 方法论概述 ▍

多年来，我一直在思考方法、研究方法、探索方法，把方法作为一门独立的学问来研究。只有把方法的结构和原理都弄清楚了，对于我们去寻找和运用方法，才能有一定帮助。而且熟悉了这门学问以后，对人类的一般言行都是可以作出解释的。

不管你做什么事情，如果总是做不好，遇到困难的时候首先就要考虑的是，你所采用的方法是不是不好或是错了？你就要动脑筋去寻找好的方法了。而寻找好方法的好方法，就是直接向那些已经做成功了的人学习，学习他们所采用过的好方法。例如，产品为什么销量那么少，是销售人员素质低，还是待遇低销售人员没有积极性？或是产品质量不好卖不出去？如果是销售人员素质低，可采取更换销售人员或是采取加强培训的方法来解决；如果是待遇低，可采用提高待遇的方法来解决，有句俗话叫做"重奖之下必有勇夫"，如果你肯拿出一百万来奖励，那你得到的利润可能会在千万以上。如果是产品质量不好，那就要用狠抓内部质量管理的方法来提高产品质量。

总之，好方法可以给自己带来事业上的成功，好方法可以给企业带来高速的发展，好方法可以给人类带来方便和进步，好方法可以给家庭带来富裕、幸福和爱。方法巧妙可创造奇迹，好方法才是真正的成功之母！

参考文献

[1]文一师. 小点子发大财[M]. 南宁：广西人民出版社，1988.

[2]方志远. 国史通鉴[M]. 北京：商务印书馆，2017.

[3]罗贯中. 三国演义[M]. 上海：上海文化出版社，2012.

[4]孙武（原著，春秋时期），佚名（原著，南北朝时期），陈伶（注译）. 孙子兵法三十六计[M]. 上海：上海文化出版社，2014.

[5]傅艺. 365项发明创造[M]. 乌鲁木齐：新疆人民出版社，2000.

[6]张润生，陈士俊，程蕙芳. 中国古代科技名人传[M]. 北京：中国青年出版社，1981.

[7]何心曰. 发明的故事[M]. 太原：北岳文艺出版社，2002.

[8]J.本迪克（英）著，王汶译. 外国科学家的故事[M]. 北京：中国少年儿童出版社，1980.

[9]张家林，刘丽娟. 爱迪生[M]. 长春：延边大学出版社，2003.

[10]孙思邈（原著），黄利（主编）. 图解千金方[M]. 南昌：江西科学技术出版社，2015.

[11]李时珍（原著），光子（主编）. 本草纲目（典藏本）[M]. 天津：天津科学技术出版社，2018.

[12]陈春明，葛可佑（均为主编）. 中国膳食营养指导[M]. 北京：华夏出版社，2000.